中国灾害社会心理工作丛书

灾后社会心理需求评估工具手册

Post-disaster
Psychosocial Needs
Assessment Toolkit

沈文伟　崔　珂◎编著

社会科学文献出版社
SOCIAL SCIENCES ACADEMIC PRESS (CHINA)

推荐语 1

自然灾害发生后，及时掌握灾区人民的实际需求，做好准备工作，有针对性地给予支持是社会工作者义不容辞的责任，也是一项重要的任务。《灾后社会心理需求评估工具手册》是一本实用性很强的工具书，对灾区需求评估及培训工作很有益处，它也是中国内地出版的首份专门用于灾后社会心理需求评估的工作手册。希望这本手册出版后可以在灾区专业社工和志愿者中推广使用，切实推动中国灾害社会工作的发展，更好地帮助灾区人民重建美好家园和生活信心。

香港理工大学副校长　阮曾媛琪教授

2014 年 9 月

推荐语 2

《灾后社会心理需求评估工具手册》一书是应灾害后灾区居民社会心理需求服务的迫切需要而产生的，该书为灾后灾区社会心理服务的实务工作提供了具有科学性、适用性和可操作性的工具和流程，理论上创新性地了构建了灾后居民精神卫生服务的工作体系，整合了精神医学、心理卫生、社会学、家庭动力学、社区管理、环境与生态等方面的灾害相关知识，形成了较为完整的，更具中国文化特点的乡村灾害后居民精神康复的工作指南，填补了过去缺乏标准化评估、资料收集和分析方法的空白。该手册的作者不仅参考和引用了国际上权威的评估工具，且多次深入中国灾区，反复测试和修改。这一著作的问世奠定了中国自然灾害后的灾区居民社会心理服务和灾后重建的标准化基础，在今后的社会实践中将会进一步得到丰富、完善和推广应用。

四川大学华西医院心理卫生中心　杨彦春教授

2014 年 9 月

总 序

积极参与灾害救援与灾后恢复重建是社会工作的重要使命，大力发展灾害社会工作是提升灾害管理能力的必然要求。2008年5月12日，我国发生了汶川特大地震，这是世界历史上最大的自然灾害之一，共造成69227人丧生、374643人受伤、17824人失踪，给灾区人民生产生活造成了极大损失。地震发生后，有1000多名来自全国各地的社会工作者参与了灾害紧急救援、灾区群众过渡性安置和灾后恢复重建工作。他们秉承助人自助的专业理念、发扬无私奉献的专业精神，围绕灾区群众需求开展了心理疏导、情绪抚慰、残障康复、社区重建、生计支持、能力提升等一系列服务项目，得到了灾区党委政府和群众的充分认可。特别是在灾区党委政府的重视支持下，通过外来资源与本地力量的协作联动，组建了一批灾区本地的社会工作人才机构，使社会工作支援项目转化成了灾区本地项目，使社会工作专业理念、知识、方法在灾区落地生根，实现了社会工作的本地化、可持续发展。

社会工作在汶川地震中的介入，是我国首次开展灾害社会工作实务探索，在灾害救援和社会工作发展历史上具有里程碑意义。在之后发生的甘南舟曲特大泥石流灾害、玉树地震、雅安芦山地震中，社会工作介入汶川地震的经验被充分借鉴并得到进一步丰富和发展。民政部在此基础上制定出台了《关于加快推进灾害社会工作服务的指导意见》，并在 2014 年 8 月云南鲁甸地震发生后首次统筹实施了国家层面的社会工作服务支援计划，将灾害社会工作推向了新的发展阶段。

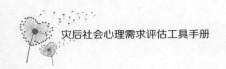

灾害社会工作是一个非常特殊的专业领域，社会工作者在灾害管理中扮演着多种角色，需要与政府部门、社区机构、社会组织、企业等方面建立良好协作关系，针对灾后不同阶段特点，为不同服务对象提供个性化服务，这对灾害社会工作者的能力素质提出了很高要求。由于我国社会工作发展起步较晚，与社会工作发达国家和地区相比，灾害社会工作的教学研究与实务积累较为欠缺，迫切需要加强国（境）内外的交流合作，不断提升国内灾害社会工作的职业化专业化水平。

我国灾害社会工作的孕育发展，得到了香港社会工作同仁的大力支持。其中，来自香港理工大学的沈文伟博士在香港怡和集团思健基金会的资助下，与成都信息工程学院、四川农业大学、西南石油大学、乐山师院等高校合作开展了“四川灾后社会心理工作项目”。该项目自 2009 年 2 月开始，到 2016 年 12 月结束，致力于为灾区学校的学生、教师及其家庭、社区提供社会心理健康服务，为国内同行开展灾害社会工作提供了典型示范。此外，沈文伟博士通过“地震无疆界项目”，与英国剑桥、牛津、杜伦、赫尔、利兹、诺森比亚等高校的专家学者以及英国海外发展部、地质调查局、国家土地观测中心、灾害风险应急中心等机构密切合作，在哈萨克斯坦、吉尔吉斯斯坦、印度、意大利、希腊、土耳其、伊朗、尼泊尔等国家开展了一系列灾害社会工作研究与实务项目，对建立多学科交叉、跨部门联动的灾害社会工作服务机制，提升地震灾害的综合应对能力进行了卓有成效的探索。

经过汶川特大地震以来六年多的实践积累，沈文伟博士及其合作伙伴总结了近年来灾害社会工作研究成果以及汶川、陕西等地区防灾减灾、灾害救援和灾后恢复重建工作经验，精心编著了“中国灾害社会心理工作丛书”。丛书所包含的成果具有很强的实用价值，能够指引灾害社会工作者科学开展社会心理需求评估工作，设计实施社会心理服务项目。这些成果已经在芦山地震和鲁甸地震灾后恢复重建工作中得到了有效应用。同时，该丛书也有助于丰富社会工作教学内容，促进培养实务型社会工作人才特别是从事灾害管理与灾后恢复重建工作的社会工作者。我十分期待“中国灾害社会心理工作丛书”的出版发行，并愿意向广大社会工作从业人员推荐。

伴随着近年来中央一系列社会工作重大政策和相关法规的出台，我国社会工作事业迎来了蓬勃发展的春天。民政部社会工作司将坚持不懈地推进包括灾害社会工作在内的各项社会工作事业发展，充分发挥社会工作者的重要作用，增进人民群众的社会福祉。也真诚地希望社会工作教育、研究、实务、行政各界同仁，秉承社会工作的专业价值，发扬社会工作的专业精神，坚守社会工作的专业理想，精诚团结、继往开来、不断提升，为我们共同热爱的社会工作事业贡献更多智慧与努力。

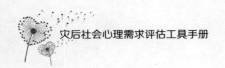

是为序。

民政部社会工作司司长　王金华

2014 年 9 月 22 日

序

精神健康和社会心理问题在世界各个地区的社区居民中普遍存在，但是在经历过自然灾害的社区居民中更为普遍。世界卫生组织（World Health Organization，WHO）指出，回应灾后社区居民的精神健康和社会心理问题的关键是准确了解其需求和所需的资源。为了达到这一目的，世界卫生组织与机构间常设委员会（Inter - Agency Standing Committee，IASC）分别编辑了专用于评估灾后社区居民精神健康状况和社会心理需求的工具手册，以及应对紧急情况的精神卫生和社会心理支持指南。

中国地域辽阔，气候复杂多变，地理条件也各不相同，因此历来较易遭受洪水、干旱、地震、台风和山崩等自然灾害的影响，是公认的灾害发生频率较高的国家之一。但是，到目前为止，在中国仍然缺乏一套系统的、全面的、适应本土文化的量表手册以用于评估灾后居民的社会心理需求。这成为各级政府及其相关部门以及其他非政府组织开展灾后恢复与重建工作的一大障碍，特别对在灾后进行社会心理方面的援助工作构成障碍。

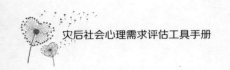

基于以上原因，香港理工大学四川灾害社会心理工作项目参考世界卫生组织、机构间常设委员会编辑的灾后社会心理需求工具手册以及其他在国内外得到广泛认可的灾后社会心理需求评估量表，制作了本手册。2014 年 1 ~ 4 月，我们在汶川地震震中地区映秀镇对该手册进行了广泛的试测，收到了良好的评估效果，并对评估工具做了本土化改进。本手册主要包括四部分内容：①背景介绍，包括手册编制的理论框架、编制过程及其对灾害社会工作的意义；②评估过程概观与评估方法，包括运用该手册进行评估的流程和步骤，以及评估过程中各阶段应遵守的原则；③评估工具，逐一介绍评估工具使用的背景，使用对象和资料收集与分析方法；④介绍评估报告撰写应遵循的原则以及报告示例。

我们希望本手册可以在全国范围内得到应用，能够帮助灾害社会工作者或其他相关机构更科学、全面地掌握可能存在于灾后社区居民中的社会心理问题及需求。

2014 年 8 月 3 日云南省鲁甸县发生 6.5 级地震，地震造成超过 100 万人受灾。面对如此严峻的灾难形势，我们希望这本社会心理需求评估工具手册可以协助灾区工作人员及时、全面、科学、有效地评估受灾民众的社会心理需求，并进一步为政府及非政府组织特别是社会工作者开展灾后援助服务或重建工作提供有力依据。另外，我们也希望使用这套评估工具的组织或个人可以在恰当的时间给予我们反馈，我们将不断对该手册进行提炼、调整和完善，惠及中国内地其他受灾地区和民众。

香港理工大学

沈文伟

2014 年 8 月 8 日

目 录

第1章 背景介绍

第2章 评估过程与评估方法

第3章 评估工具

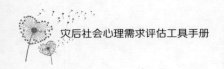

第4章 评估报告

Contents

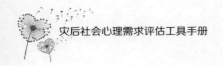

第1章 背景介绍

地震、洪水、干旱和飓风等自然灾害会给人类带来巨大的灾难，而灾难的严重程度通常取决于自然灾害对社会和环境的危害程度。暴露于这些灾难中的人们的心理健康经常会遭受短期或长期的毁坏性打击（Wang et al.，2010；Liu et al.，2011）。而人们的心理健康受到冲击又会进一步影响社会正常秩序以及社区、家庭及个体的发展（IASC，2007）。

为了应对灾难给人们带来的精神健康和社会心理问题，世界卫生组织（World Health Organization，WHO）与联合国难民署（United Nations High Commissioner for Refugees，UNHCR）（2012）共同强调要更好地了解受灾人群的需求和所需资源。与此同时，他们还指出，虽然目前已经有一系列不同的需求评估工具，但是仍缺乏一套完整而详细、阐明在什么情况下采用哪种评估工具的行动指南。于是，基于两份权威政策文件（IASC Reference Group，2010；Sphere Project，2011），世界卫生组织协同联合国难民署于2012年颁布了国际首套《灾难情景下的精神健康和社会心理需求评估工具箱》(*Assessing Mental Health and Psychosocial Needs and Resources*: *Toolkit for Major Humanitarian Settings*)。这份文件是我们编制这本评估工具手册的主要参考资料之一。它还未被翻译成中文，也没有被验证在中国是否适用。但是，鉴于中国内地本身也缺乏一套综合的、以社区为基础的、用于灾后的社会心理需求评估工具，我们编制了这本《灾后社会心理需求评估工具手册》(以下简称《手册》)，专门用于评估中国内地，特别是农村地区灾后社区居民的社会心理需求。这在中国内地还是首例。

1.1 中国内地灾后居民精神健康评估现状

中国是世界上最易遭受各种严重自然灾害的国家之一(李学举，2004)，每年约3亿人口和70%的城市受灾(Ng，2011)。其中，洪水、干旱、地震等造成的人员伤亡、建筑物毁损尤其严重，带来巨大的经济损失(EM-DAT，2014)。以地震为例，世界上33%的地震都发生在中国，且中国的每一个省都发生过5级或以上的地震(Chen，2009)。另外，世界历史上有记录的25次特大地震有7次发生在中国。其中最近的一次即是2008年5月12日发生在四川省汶川县的8级特大地震(Naranjo，2010)，称为"5·12"汶川地震。大地震所造成的人员伤亡之惨重和财产损失之巨大引起了人们对地震幸存者精神健康状况的极大关注。但是，通过回顾大量相关文献我们发现，在分析受灾人群精神健康状况时，从创伤后应激障碍(Post-Traumatic Stress Disorder,

PTSD）这个视角切入占支配地位。

创伤后应激障碍（PTSD）是指个体直接或间接经历或目睹突发性、威胁性或灾难性生活事件（如自然灾害、严重的事故、恐怖行动或战争等）之后出现的精神疾病，其临床表现以再度体验创伤为特征，并伴有情绪的易紧张和回避行为（American Psychiatric Association，2013）。在灾难或紧急事件发生之后，创伤后应激障碍已然成为对受灾地区的个人或群体实施社会心理干预的主要切入点。然而，仅仅关注创伤后应激障碍这一个层面的问题是不够的，这是因为：第一，PTSD 只是众多灾难给人们造成的心理和社会问题之一；第二，无论是在遭受灾害之时还是一段时间之后，只有小部分人有可能患上严重的 PTSD 或极度忧伤，而大部分人会有很多其他需求和状况，包括那些可能不需要临床治疗的情况，比如身心疲惫、极度紧张、因与家人分开而产生焦虑感（Bourassa，2009；IASC，2007）；第三，心理困扰和创伤的产生有社会和文化层面的原因。紧急情况发生之后即为 PTSD 患者推荐的干预措施可能在文化层面不适合他们。例如，2008 年 5 月汶川地震发生之后就有这样一句话在地震重灾区流传开来：防狗（由于卫生状况恶劣，狗在地震后可能会传染疾病），防火（因为临时搭建的住房比较拥挤可能会发生火灾），防心理治疗师（他们可能会给受灾群众带来伤害）。之所以流行这一言论是因为当时国际机构、当地心理学家和精神治疗师、学者以及热心的志愿者在做一些不符合当地文化的心理治疗、评估和干预工作时，使很多地震幸存者遭遇了“二次伤害”（Sim，2009）；最后，同样重要的一点是，优先采用病理学方法必然意味着忽视社会和政治背景及过程的发生与改变。当紧急情况下的社会心理工作主要关注个人的不足和病症时，Pupavac（2001）提出了三个可能引发的问题：第一，若用心理学术语重新定义个人权利，人们可能会因此无法得到灾害或冲突环境下政府部门的保护。比如说，灾后一些有一定程度焦虑、疲惫或抑郁症状的幸存者被公共健康专家诊断为病态的功能缺失，这一做法的后果是社会心理工作者间接地否定了这一群体与官方机构沟通他们的健康状况甚至参与灾后重建过程的能力。第二，社会心理干预可能会破坏社区和家庭的凝聚力。外部的和专业的干预措施可能会不知不觉地破坏维系社区和家庭纽带所必需的亲密感。另外，这种介入方式鼓励对专业机构的认同和依赖，从而会损害地方关系和组织结构。

机构间常设委员会（IASC）于2007年颁布的《紧急情况下精神卫生和社会心理支持指南》（以下简称《指南》）提出了紧急情况下精神卫生和社会心理问题包含许多创伤后应激障碍（PTSD）以外的其他内容，而且并不是每个人在紧急情况下都会罹患严重的精神或心理问题。《指南》强调在紧急情况下很多人都会发挥他们的抗逆力（Resilience）来应对困境。另外，《指南》还涉及那些精神卫生专家很少介入的、影响人们精神健康和社会心理健康的社会危机因素，包括灾难管理、人权保护、普通健康管理、教育、水和环境设备、食品安全和营养、住所、难民营管理、社区发展和大众传媒。更重要的是，这一指南极其关注相互影响的社会、心理和生理因素，因为它们能够显著地影响人们灾后可能产生的心理问题或显示出的抗逆力。

1.2　社会心理概念解析

IASC（2007）发行的《指南》解释并区分了精神卫生和社会心理这两个在意思上有重叠的术语。实际上，对很多灾害援助人员来说，这两个紧密联系的术语体现的是两个不同但互相补充的做法。卫生部门以外的援助机构经常论及对社会心理（Psychosocial）的支持，而卫生部门机构则经常论及精神卫生（Mental Health）。不同的机构、不同的专业人士以及不同的国家对这些术语有不同的定义。

1.2.1　社会心理的定义

当下引用最多的关于社会心理的定义是由世界卫生组织提出来的。世界卫生组织将健康定义为体格、精神和社会完全健康的状态而不仅仅是疾病或羸弱的消除，它承认社会心理干预意味着社会干预能产生继发（Secondary）心理效应；与此同时，心理干预也会产生继发社会效应。基于这个综合定义，许多不同的国际社会心理项目被包括进来。这些项目有的主要关注促进和强化人权与社会公正，有的更倾向于关注社会发展；另外，还有一些依然倾向于关注治疗的项目。沿着这样的思路，在英国牛津建立的社会心理工作小组（Psychosocial Working Group，2003：3）重申：

“‘社会心理’这一术语强调我们经历的精神或心理方面的内

容（思想、情绪和行为）与社会经历（关系、传统和文化）之间的密切关系。这两方面因素在复杂的紧急情况下密切相关，所以‘社会心理健康’这个概念对人道主义援助机构来说，比相对狭隘的‘精神健康’这个概念更有帮助。仅仅关注精神健康这个概念的干预措施，例如精神创伤，会导致忽视对健康至关重要的社会环境。‘社会心理’这个术语同时强调了健康的社会和心理两方面内容，使得在需求评估中家庭和社会都得到充分的考虑。”

1.2.2 社会心理问题的范畴

《指南》（IASC，2009：2～3）明确指出，在紧急情况下，社会范畴中的重要问题包括：

- 先前存在的社会问题（紧急情况发生前已经存在的问题，例如，极端贫困；属于受歧视或被边缘化的社会群体；政治压迫）；
- 紧急情况所引发的社会问题（例如，家庭成员分离；社会网络的破坏；社区结构、资源以及人们之间的信任遭到破坏；基于性别的暴力的增加）；
- 人道主义援助引起的社会问题（例如，社区结构或传统支持机制的破坏）；

同样，心理范畴的重要问题包括：

- 先前存在的问题（例如，严重的精神障碍；酒精滥用）；
- 紧急情况所引发的问题（例如，悲伤、非病理性的应激、抑郁和焦虑障碍，包括创伤后应激障碍）；

- 与人道主义援助相关的问题（例如，由于缺乏食品分配信息而导致的焦虑）。

也就是说，紧急情况下的精神卫生和社会心理问题远远超出了创伤后应激障碍所涵盖的内容。

1.2.3 社会心理工作研究现状

另外，值得注意的是，关于社会心理工作的研究无论是数量还是质量都比较有限。Tol 等（2011）全面回顾了灾后精神卫生和社会心理支持的相关内容后发现将实践和研究结合起来的情况很少。也就是说，很少有人做灾后社会心理干预相关领域的研究。在中国，虽然有学者开始关注地震灾后儿童的社会和心理支持环境（曹祖耀，2008），但研究的深度仍有待加强且成果也很有限。也就是说，现有的灾后精神卫生干预措施和成效评估主要还是集中于创伤后应激障碍（PTSD）这一主题，然而，关于这类应激障碍对公共健康的意义研究者还未达成一致意见。虽然心理教育、结构性社会行动和咨询已被频繁使用，但一般并不包括任何能够呈现不同结论的评估研究。当然，这些现象表明了社会对高质量研究的需求是巨大的。另外，为了获得更多的证据，社会心理工作人员和研究人员应该注意评估和研究对遭遇灾害和危机的人群产生的影响。有些评估方法在特定社会文化情景中可能并不适用。比如，在印度、巴基斯坦或约旦，以及北美或欧洲接受过训练的当地工作人员不知道如何将“Psychosocial”这个术语翻译成北印度语、乌尔都语或阿拉伯语，这主要是因为来自其他诸如宗教或政治学领域的关于人与社会关系的理论的盛行（Aggarwal，2011）。另外，考虑到时间限制以及涉及的环境和问题的复杂性，对社会心理工作的评估可能会比较费力。

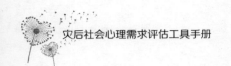

虽然社会心理的定义在不断演变，但这一术语提供了一种可供选择的范式。这一范式要求同时考虑心理和社会两部分内容，而不是二者选其一。这就要求朝着动态的、相互影响的、多层次的定义的层面转变。

1.3 《手册》的编制过程

1.3.1 理论框架确定

对于社会工作实务而言，综合性的社会心理服务方式需要以一个充分考虑人类和他们生活环境不断互动的复杂理论框架为基础（Libassi & Maluccio，1982）。Bronfenbrenner（1979，1986）的生态学视角强调了环境作为一个复杂的多重的关系系统对人的发展的重大影响。这一理论框架指导了《手册》的设计和编撰。特别需要强调的一点是，现有的精神健康和社会心理需求评估工具或实践指南的主要问题之一就是缺乏清晰的理论框架。

1.3.2 编制步骤简介

《手册》的编制经历了一个不间断的、重复的资料回顾、专家咨询、小规模试测和实地验证的过程。编制工作始于参考机构间常设委员会（IASC）发行的《指南》，因为这一文件详细列出了评估精神卫生和社会心理问题时应该涵盖的主题。《手册》的编制又引用了世界卫生组织协同联合国难民署于2012年颁布的《灾难情景下的精神健康和社会心理需求评估工具箱》（以下简称《工具箱》）。我们从《工具箱》中列出的12个评估工具中选择了8个进行试测后适用的工具。我们还将英文版的工具翻译成中文。为了知道翻译好的中文版评估工具是否可被大众理解，我们做了一个小型的试测。我们还积极听取了参与试测的居民提出的意见和建议，并根据试测中发现的问题对工具做了进一步修改。除了这8个工具，我们又挑选了2个已经在中国儿童和老年人中广泛使用并验证过的评估工具，并将它们编入《手册》。这么做不仅是因为我们想涵盖不同年龄段的人群，也因为老人和儿童是公认的灾害环境中的弱势群体（Rogge，2003；Sim，2010）。《手册》还将一套评估家庭功能和家庭资源的工具编入其中，因为在中国传统文化中，家庭是重要的支持来源，尤其对于老人和儿童而言（Leung et al.，2007；Sim，2013；Sim et al.，2013）。另外，家庭属于生态学理论所定义的“微观系统”，它是人类发展发生的基础环境（Bronfenbrenner，1986）。也就是说，我们编制的《手册》共包括11个不同的评估工具，且每一个工具都有明确的评估对象，包括儿童、妇女、老人和残疾人，这些群体都是灾害环境下需要被特别关注的弱势群体（Rogge，2003；Sim，2010）。

1.3.3 实地调研

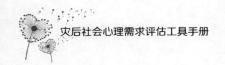

从2008年至今，在汶川地震受灾地区（主要是农村地区）6年的社会工作服务经验使我们充分认识到，评估工具应符合当地文化的要求，有必要的话还需对工具进行调整后再拿到社区使用。因此，我们又通过深入的实地调研验证了《手册》中的评估工具在中国灾后社区中的有效性。实地调研地点是在距离汶川地震震中2公里的张家坪村，这个村子在2008年地震后不断遭受泥石流的威胁。2013年7月10日，也就是我们进行实地调研的半年前，张家坪村刚遭遇了一次强泥石流的袭击，104户村民受到严重影响。

在对张家坪村村民的评估调研中，我们采用的主要数据收集方法包括半结构式访谈、焦点小组访谈和问卷调查。评估过程中暴露出几个主要的困难和挑战，比如：①语言障碍（调查员不会讲当地方言，也就是四川话）；②电子科技产品在使用中遇到障碍（村民拒绝在访谈时被录音）；③访谈挑战（年长的村民由于文化程度较低，不能独立完成调查问卷）；④关系建立困难（村民大多比较保守或内向，他们在访谈中不善于表达自己的想法）。面对这些困难和挑战，我们分别采取了有效的应对措施或解决方法，它们分别是以下四方面：①请会讲当地方言的调查员直接参与访谈或做翻译；②请2~3名调查员同时用纸和笔详细记录访谈内容，他们最好坐在村民背后或其他村民视线不易接触到的地方，否则会影响村民的访谈情绪；③调查员口述并逐个解释问卷中的问题和对应选项，这要求评估组成员在调查前对问卷题目和选项的理解达成一致，以免由于表述不同造成评估偏差；④调查员在正式访谈之前先跟村民聊其熟悉的或感兴趣的事物，使村民逐渐放下防备心理，拉近与村民的距离。另外，访谈不一定要面对面坐下来进行，调查员也可以加入村民正在从事的活动中。这就要求调查员熟悉访谈大纲，最好可以脱稿访谈，并能够根据村民的情绪或谈话内容灵活切换访谈问题。

前期的小规模试测和之后为期 3 个月的深入实地调研验证了《手册》中所包括的评估工具在收集灾后社区居民精神健康和社会心理需求相关信息的工作中是非常有效的。在《手册》和调研的基础上，我们完成了一份综合评估报告和多份主题性评估报告，这些报告分别阐明了存在于每个目标群体中的具体问题。基于这些报告，我们驻扎在映秀镇的社工团队制定了相应的干预措施和服务项目，特别是针对村民经常面对的泥石流威胁。截至目前，这些干预措施和服务项目对社区服务对象的社会心理健康、家庭和社区凝聚力以及抗逆力起到了明显的促进作用。

1.4 《手册》对灾害社会工作实务的意义

Ng（2011）认为中国社会工作实务与世界上其他国家或地区的社会工作实务是不同的。也就是说，我们有必要将国际社会工作的原则与中国本土环境相结合，研究和开发特有的社工教育和实务模式（Yuen - Tsang & Wang，2002）。我们在汶川震后地区 6

年的社会工作服务经历也提醒我们要保持对本土文化因素的敏感度，并提供适应当地文化特点的服务（Sim，2013）。在当地村庄进行实地调研不仅使我们取得了大量的一手数据，同时使我们了解了成功编制一套适应环境和具有文化敏感度的社会心理需求评估工具手册所需根植于其中的文化和政治背景的意义。

灾害管理已经逐渐成为社会工作不可分割的一部分，而社会工作者在灾害管理的各个阶段也扮演着越来越重要的角色（Ku et al.，2009；Sim，2010）。Dominelli（2009）特别指出，社会工作者可以在灾后回应阶段帮助了解受灾害影响的弱势群体的特殊需求。因此，我们的《手册》主要是为社会工作者在灾后评估弱势群体的精神卫生和社会心理需求而编制的，指导该《手册》编制的理论框架是生态学理论，生态学理论视角充分考虑了生态系统中多重环境关系之间的相互作用，特别是在相当重视家庭环境关系的中国文化背景下。但是它的使用并不局限于社会工作者，《手册》中的很多工具也可以供紧急情况下其他相关部门的工作人员使用，比如救援人员和公共卫生机构的人员。

《手册》主题广泛，评估的结果可以为政府及非政府组织开展灾后恢复和重建工作提供有力依据，从而有效扩展社会服务和措施，提高社会服务的效率和质量。这在当下病理学方法（如PTSD）在灾后地区错用和滥用的背景下显得尤其重要（Sim，2011）。《手册》还能促进社会工作者更加平衡地理解灾后社区人们的脆弱和抗逆力。不过，社会工作实务工作者总是需要不断地使自己适应灾后变化的需求，并能够提前调整他们的工作方向

(Sim et al., 2013)。

另外，鉴于大多数社会工作者都缺少在灾后社区这一特殊环境下做需求评估的经验（Sim et al., 2013），提高他们这方面能力的教育和研究就显得很有必要。恰当地使用任何评估工具，包括《手册》中涵盖的部分，至少需要评估小组工作人员或调查员具备在灾后环境下实施评估和定量、定性分析评估结果的经验。此外，小组工作人员应该对他们将要评估的灾后社区的文化环境、宗教习俗、人口组成有基本的了解，同时最好能够熟练运用当地的语言。

参考文献

曹祖耀：《地震灾后孤儿的社会心理支持环境因素分析与社会工作介入》，《社会工作》2008年第8期。

李学举：《中国的自然灾害与灾害管理》，《中国减灾》2004年第6期。

Aggarwal, N. K. (2011). "Defining Mental Health and Psychosocial in IASS Guidelines," *Interventions*, 9, 21 – 25.

American Psychiatric Association (APA). (2013). *Diagnostic and Statistical Manual of Mental Disorders* (DSM 5). (5th ed). Washington, DC: Author.

Bourassa, J. (2009). "Psychosocial Interventions and Mass Population: A Social Work Perspective," *International Social Work*, 52, 743 – 755.

Bronfenbrenner, U. (1979). *The Ecology of Human Development: Experiments by Nature and Design.* Boston: Harvard University Press.

Bronfenbrenner, U. (1986). "Ecology of the Family as a Context for Human

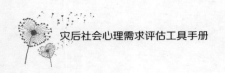

Development: Research Perspectives," *Developmental Psychology*, 22, 723 – 744.

Chen, S. (2009, May 12) . "More Mega – disasters ahead as Environment Deteriorates," *Xinhua News.* Available at: http: //archive. scmp. com/showarticles. php, accessed 8 June 2009.

Dominelli, L. (2009) . *Introducing Social Work.* Cambridge: Polity Press.

EM – DAT: The OFDA/CRED International Disaster Database, Createdon: Jul – 11 – 2014. www. emdat. be – Université catholique de Louvain – Brussels – Belgium.

IASC Reference Group for Mental Health and Psychosocial Support in Emergency Settings. *Mental Health and Psychosocial Support in Humanitarian Emergencies: What Should Humanitarian Health Actors Know?* Geneva, 2010. http: //www. who. int/mental _ health/emergencies/what _ humanitarian _ health _ actors _ should _ know. pdf.

Inter – Agency Standing Committee (IASC) . (2007) . *IASC Guidelines on Mental Health and Psychosocial Support in Emergency Settings.* Geneva: IASC.

Ku, H. B. , Ip, D. , & Xiong, Y. D. (2009) "Social Work in Disaster Intervention: Accounts from the Grounds of Sichuan," *China Journal of Social Work*, 2, pp. 145 – 149.

Leung, K. K. , Chen, C. Y. , Lue, B. H. , & Hsu, S. T. (2007) . "Social Support and Family Function on Psychological Symptoms in Elderly Chinese," *Archives of Gerontology and Geriatrics*, 44, 203 – 213.

Libassi, M. F. , & Maluccio, A. N. (1982) . "Teaching the Use of EcologicalPerspective in Community Mental Health," *Journal of Education for Social Work*, 18, 94 – 100.

Liu, M., Wang, L., Shi, Z., Zhang, Z., Zhang, K., & Shen, J. (2011). "Mental Health Problems among Children One - year after Sichuan Earthquake in China: A follow - up Study," *PLoS One*, 6, e14706.

Naranjo, M. (2010). "Aftershocks Feared after Quake Kills 400 in Chile," *China Daily - Hong Kong Edition*, 1 March, 12.

Ng, G. T. (2011). Disaster Work in China: Tasks and Competences for Social Workers. *Social Work Education*, *iFirst Article*, 1 - 19. First Published on: 18 May 2011.

Rogge, M. E. (2003). "The Future is Now: Social Work Disaster Management and Traumatic Stress in the 21st Century," *Journal of Social Service Research*, 30, 1 - 6.

Psychosocial Working Group. (2003). Psychosocial Interventions in Complex Emergencies: A Frameworkfor Practice.

Pupavac, V. (2001). "Therapeutic Governance Psycho - social Intervention and Trauma Risk Management," *Disaster*, 15, 358 - 372.

Sim, T. (2009). "Crossing the River Stone by Stone: Developing an Expanded School Mental Health Network in Post - quake Sichuan," *China Journal of Social Work*, 2: 165 - 177.

Sim, T. (2010). "Social Work and Disaster Management," *Summit on Public Administration*, 10, 31 - 48 (in Chinese).

Sim, T. (2011). "Developing an Expanded School Mental Health Network in a Post - earthquake Chinese Context," *Journal of Social Work*, 11, 326 - 330.

Sim, T., Yuen - Tsang, W. K. A., Chen, H. Q & Qi, H. D. (2013).

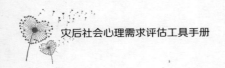

"Rising to the Occasion: Disaster Social Work in China," *International Social Work*, 56, 544 – 562.

Sim, T. (2013). Resilient Children: A Chinese Post – disaster Psychosocial Work Model," *Social Dialogue*, September Issue, 76 – 79.

Sim, T. (in press). Psychosocial Work, in *International Encyclopedia of Social and Behavioral Sciences*, 2nd Edition. New York: Elsevier.

The Sphere Project. (2011). The Sphere Project: Humanitarian Charter and Minimum Standards in Disaster Response. Geneva: The Sphere Project. http://www.sphereproject.org.

Wang, L., Zhang, Y., Shi, Z., & Wang, W. (2009). "Symptoms of Posttraumatic Sstress Disorder among Adult Survivors Two Months after the Wenchuan Earthquake," *Psychological Reports*, 105, 879 – 885.

Wang, T., Zhang, T. X., & Han, B. X. (2010). "The Variation Trend of the Mental Health Status of Elderly People Living in Prefab Housing Community in Beichuan 4 – 10 Months after Wenchuan Earthquake," *Journal of Chinese Clinical Psychology*, 18, 626 – 628.

World Health Organization & United Nations High Commissioner for Refugees. (2012) Assessing Mental Health and Psychosocial Needs and Resources: Toolkit for Major Humanitarian Settings. Geneva: WHO.

Yuen – Tsang, W. K. A., & Wang, S. B. (2002). "Tensions Confronting the Development of Social Work Education in China: Challenges and Opportunities," *International Social Work*, 45, 375 – 88.

第2章 评估过程与评估方法

2.1 评估过程概观

2.1.1 评估流程及步骤

在灾后或紧急情况下对社区居民精神卫生和社会心理需求的评估是一个持续的过程。图 2－1 描述了这个持续性的评估流程，并略述了需求评估的各个步骤。

2.1.2 评估实践原则

Bormann（2007）提出，非政府组织与各级政府部门在收集信息和提供服务的过程中缺乏合作，导致严重的资源浪费。所以，如图 2－1 所示，在开始任何评估之前很重要的一点是与不同的利益相关者配合或协调，包括政府、相关部门领导、目标群体代表以及其他救援行动者，具体合作对象要视实际情况而定。另

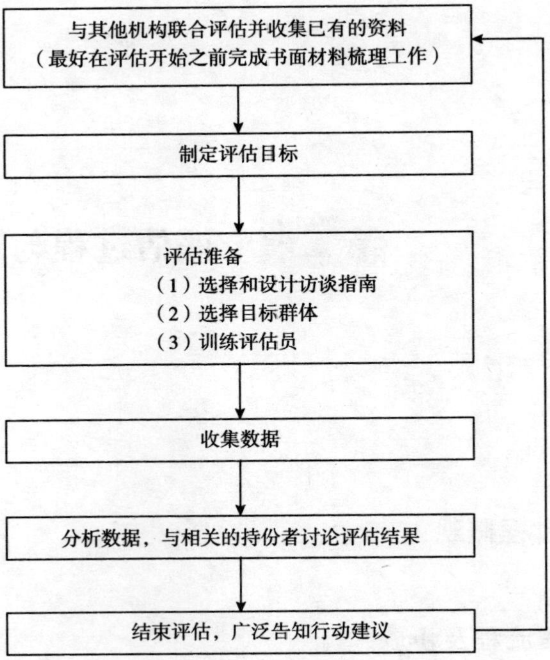

图 2－1　评估流程及步骤

外，WHO 与 UNHCR（2012）发行的《工具箱》给出了实施优秀评估应遵循的 10 条实践原则。

1. 确保与利益相关者的合作（尽可能包括政府、非政府组织、社区、宗教机构、当地大学的人员和受灾人群），让他们参与到评估的设计中；向他们解释评估结果；并把评估结果转化为行动建议。

2. 包含受灾人群中的不同群体，应关注儿童、青少年、老年人，以及不同的文化、宗教和社会经济群体。

3. 以行动为指向来设计和分析评估，而不是仅仅为了收集信息。收集过多的信息以至于无法全部分析或合理使用，不仅会浪费资源也会给受访者增加不必要的负担。

4. 特别留意潜在的冲突，例如保持公平和独立，在提问过程中考虑到可能的冲突，不要置人于风险中。

5. 评估人员需要意识到自己使用的评估方法和评估行为是符合当地文化要求的。

6. 同时评估需求和资源两方面内容，尽可能使救援措施或恢复重建工作建立在已有的支持和资源之上。

7. 重视伦理原则，包括尊重隐私和知情权、保密和自愿参加，要优先考虑受访者的利益和权利。

8. 评估团队应该接受伦理原则和基本访问技巧的培训。他们应该对当地环境有一定的了解，评估团队中的性别组成应该平衡。团队中的一些成员应该是当地人或非常熟悉当地的情况，他们应该清楚可供转介的资源。

9. 数据收集方法可以包括文献回顾、小组访谈、重要信源的访谈、观察和实地探访等。

10. 需求评估需要及时开展，以适用于灾难或危机发生后的不同时期，更详细的评估可以在之后的阶段展开。

2.1.3　评估工具选择

评估团队或评估员需要依据灾后情况谨慎使用《手册》中的11个评估工具。第一，评估团队或评估员需要充分认识到，灾后或紧急情况下可用于评估的人力资源和时间可能是非常有限的，以至于无法同时对所有潜在问题或群体进行深入细致的评估。这就要求在评估之前有清晰的理论框架或明确的评估目标，分清所需信息的主次轻重，然后根据这些目标从《手册》中选择最符合要求或者能在最大限度上完成评估目标的工具，没有必要同时使用全部11个评估工具。第二，评估过程中需要谨记不添烦、不添乱的原则，并且确保在灾害环境下不给受灾民众造成二次伤害（Sim，2013）。为了避免对灾民造成不必要的打扰，评估团队和评估员可以充分利用和研究已有信息，从而有效减少需要进一步评估的问题数量。除非是对已有信息的时效和质量存疑，否则没有必要重复收集同样的信息，而只收集有助于开展灾后救援或重建的信息。第三，鼓励各机构、评估团队或评估员之间多合作。当开展跨机构合作式的评估时，做评估者的负担就能够被不同机构所分担，这样的评估往往信度较高，而且能够支持进一步的合作计划（IASC NATF，2011）。机构之间可以对评估问题进行划分，根据自己的优势选择一些更加具体的问题。

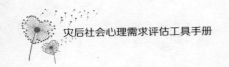

从理论上讲，突发危机事件发生的各个阶段与评估工具的使用之间并没有严格的一对一关系，但是WHO & UNHCR（2012：16）提供了一个简明的指南可以作为参考，在国际灾害响应体系中，越来越多的机构开始以该指南所示的框架展开评估工作。表2－1是严格按照该指南和本《手册》的内容构成改编后的框架。在根据表2－1所示各步骤执行评估的同时需要注意以下几点。

1. 实际工作中应根据危机的规模、严重程度以及反应能力对表2－1有所调整。

2. 必须快速地执行、分析和报告阶段1到3阶段中的所有评估结果以及时发挥它们的作用，因为当地情况随时可能发生突变。

3. 大多数心理健康评估倾向于在阶段4开展，主要的灾害援助（包括复杂的突发性事件中几乎所有的支援）通常也会在阶段4提供。

4. 如果可能的话，在阶段1到阶段3尽量避免垂直型（独立）心理健康评估，而应当将它们纳入多部门/多机构的评估工作当中。

5. 如果某一地区经过较长时间（如72小时以上）的封闭之后刚刚开放（比如由于安全原因），则应当首先开展阶段1的评估。

表2-1 各阶段评估工具的选择和使用

突发危机事件发生的不同阶段	评估工具的选择和使用
阶段0： 突发危机事件发生之前	进行书面文献回顾，了解可能存在的危机和资源（工具1）； 如果有条件的话，对适用于当地医疗情况的精神卫生和社会心理健康状况进行深度评估（使用《手册》中的任意工具）
阶段1： 突发危机事件发生后的72小时内	进行书面文献回顾，或者更新已有文献回顾的信息（工具1）； 基于过去危机的经验，进行心理问题预测的梳理； 对受灾人群的基本生存、庇护和需求的获取开展评估（工具2和工具4）

续表

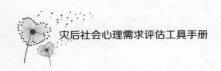

突发危机事件的不同阶段	评估工具的选择和使用
阶段2： 突发危机事件发生后的两周内	开展参与式评估，以建立心理健康和社会心理支持（工具6、工具7和工具8）
阶段3： 突发危机事件发生后的第三周至第四周	在一般的健康评估中增加有关心理、社会的部分（工具3和工具5）； 准备开展有关心理卫生和社会心理健康的深度评估（使用《手册》中的任何工具）
阶段4： 之后各时间段	评估正规医疗机构中的资源，为恢复工作提供信息（工具3）； 对不同群体分别开展聚焦于心理卫生和社会心理健康的深度评估（工具9、工具10和工具11）

2.2 评估方法

《手册》所包含的评估工具大都涉及定量和定性的研究，因此评估员需要对这两种研究方法有一定的认识，最好可以熟练操作。定量研究和定性研究是社会研究中的两种主要方法。其中，定量研究是指研究者事先建立假设并确定具有因果关系的各种变量，然后使用经过检测的工具对这些变量进行测量和分析，从而验证研究者的假设。定性研究通常指，使用文献分析、个案调查、参与性实地观察、访谈等方法对社会现象进行深入细致和长期的研究。无论是定性还是定量研究都包括资料收集和资料分析两个步骤，因此本节将主要阐述收集和分析定性与定量资料的注意事项和应遵循的原则，这些是成功开展需求评估的关键。

2.2.1 收集定性和定量资料

运用本《手册》中的评估工具展开评估要用到的定性资料收集方法主要包括个人或小组访谈，另外还需要做文献分析；收集定量资料主要采用问卷调查法。下文列出了收集定性和定量资料的几点注意事项（WHO & UNHCR：19～21）。

1. 知情同意：评估对于参与者来说是一个不小的负担，它不仅占用宝贵的时间、精力，还可能对参与者造成二次伤害。因此，一定要确保参与者都是自愿参加评估的，并且清楚自己在评估过程中需要做什么。在灾害或其他危机事件发生后取得知情同意往往会变得更困难，因为评估者是援助机构的代表，而受灾民众也许会因为想得到援助而参与评估。所以，一定要对潜在的参与者做到完全的坦诚，如果不清楚评估是否会与之后的援助行动相联系，那就应把这一点说清楚。坦诚也包括遵守一切关于援助的承诺，虚假承诺会损害社区参与度和有效的人道主义援助的效果。

2. 访谈环境：进行访谈的环境可能对访谈结果产生很大的影响。应当尽最大可能保证参与者自由地表达而不被监视或打断。

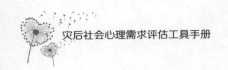

在评估团队进入特定的评估地点之前，一定要提前熟悉访谈环境。

3. 主要语言的使用：参与者可能会以多种方式讨论心理健康和社会心理问题。心理问题很容易和其他正常情绪波动混淆，比如不开心或烦恼，而方言中可能没有合适的词语能够反映这种区别，同样的词在不同文化中可能有不同的含义。另外，不同的文化会用不同的方式来区分心理健康问题和其他问题。所以，在将访谈工具中的术语翻译为当地语言的过程中一定要仔细，要充分利用书面文献回顾得到的信息或咨询熟悉当地文化的专家或普通居民。

4. 态度：访谈的一个重要方面在于采访者如何接触参与者，以及能否与之建立彼此信任和融洽的关系。这一点应该作为评估团队培训的一部分，可以请所有团队成员一起出谋划策来列出一系列访谈注意事项，比如要主动聆听、不随便批判、包容不同观点及灵活应对意外情况等。

5. 偏差：偏差是指所采集的信息受到的一种系统性的、非故意的影响。例如，有些人在回答“你过得怎么样”之类的问题时也许会给出非常负面的答案，因为他们认为这样的回答能使自己得到服务机构的帮助。或者，有些人可能不会表达任何负面情绪，因为他们不想在别人面前显出脆弱。另外，采访者自己可能也有一定的主观偏见，这也会影响回答。因此，必须让评估团队对所获得的答案可能存在的偏差进行及时的反思和汇报。

6. 逐字记录或统一数据录入模板：《手册》中的很多工具所要

求的资料都可以以书面形式逐字记录（也就是按照原话一字一句地记录）。理想的情况下，定性资料以逐字记录的方式收集，而在大部分采访中可以使用录音设备达到这一目的。但是，在灾后紧急情况下，录音设备也许会引起受访者对安全的顾虑，或者根本就不合适、不可行或被调查者拒绝。因此，在需要快速收集和分析资料的情况下，掌握熟练的记笔记技巧是很关键的，笔记可以替代录音设备。而对定量数据资料而言，数据录入之前评估团队应建立统一的数据录入模板，为接下来的数据分析提供便利。

7. 储存资料：在一次评估中所收集的资料（例如录音、访谈文本等）是接下来的援助或重建行动的基础，也代表着参与者的努力和牺牲。因此，应该带着极大的尊重细心地处理这些资料。这就要求确保资料：

- 安全，不受损害；
- 清洁（例如将它储存在塑料夹中以免受潮或被食物、泥土等污染）；
- 系统性地存放（例如用有编号的文件盒）；
- 匿名化，以确保保密性。为了保证匿名，包含数据的表格应该只写参与者号码，而在另一处能安全上锁的地方存放一份与参与者姓名和号码对应的清单，由团队负责人保证其安全性。

2.2.2 对资料进行定性或定量分析

2.2.2.1 定性分析原则

定性分析是对通过观察或访谈等方式获得的资料进行非数字

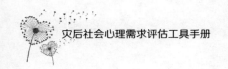

化的考察和解释的过程，其目的在于发现事物的内在意义和关系模式。定性资料处理的方法有很多，既有复杂、耗时的理论构建法，又包括简单地将答案分组并标记的方法，而后者则更适用于在紧急情况下使用。完成不同的分析需要掌握的具体资料处理技巧有：编码（对个体的信息进行分门别类的处理）、记录备忘录（在收集资料的过程中所作的记录）、绘制概念图（对概念以及概念之间关系的图表表示）（巴比，2009）。最常用的定性资料分析软件之一是 NVivo。评估员或研究员在对定性资料进行分析的过程中应遵循以下四条原则。

（1）分析之前应先对原始资料进行审查。资料审查的主要目的是消除其中的虚假、差错、冗余等内容，但要同时保证资料的完整性、真实性和有效性，从而为进一步整理分析打下基础。

（2）分析没有必要在所有资料都收集完成后进行。也就是说，在收集资料的同时可以对已经获得的资料先做一下初步分析，这将有助于评估员或研究员确立初步的想法或及时修改数据收集方案（比如修订访谈提纲）。

（3）分析结果要减少可能由主观性因素造成的偏差。评估员或研究员本人的生活经历等主观因素可能会影响他/她对定性资料的分析，因此应学会事先“搁置”自己的经历和观点以免将其强加于受访者的叙述。理想情况是由两名评估小组成员分别对相同的资料进行分析，然后将结果进行对比，这可以减少由主观因素造成的偏差。

（4）分析结果的“三角检验”（Triangulation）。为了增强资料分析结果的可信程度或准确性，可以将通过定性分析得出的结论与通过其他渠道得到的信息进行比较，若有不一致的地方应当及时报告或讨论。

2.2.2.2　定量分析原则

定量分析是指研究者将资料转化成数值并进行统计分析的技术，常用的定量资料分析方法有三类：单变量分析（出于描述的目的，对单个变量进行分析）、双变量分析（为了决定两个变量之间的关系而同时对两个变量进行分析）和多变量分析（对几个变量之间的关系同时进行分析）（巴比，2009）。常用的定量数据分析软件有 EXCEL 和 SPSS 等。评估员或研究员在对定量数据资料进行分析的过程中应遵循以下四条原则。

（1）分析之前先做初步的数据检查。熟悉数据的各项关键指标（如样本大小、样本构成、变量的取值范围、平均值、标准差等）。

（2）谨慎处理缺失值和异常值。若工具说明了针对这些数值的处理办法，则按照说明操作；如果工具没有说明，则要具体情况具体分析，谨慎选用合适的方法替代或剔除这些数值。

（3）明确变量性质（连续变量和离散变量）并选择适用的统计分析方法。连续变量以微小的速度稳定增加（比如年龄，22.45 岁是有实际意义的）。离散变量从一个类别直接跳到另一个类别，中间没有过渡和连接（比如 1.5 年级是没有意义的）。这两种类型的变量都有各自适用的统计分析方法，一定注意不要混淆，否则得到的结果可能是没有意义的。

（4）得出研究结论时要注意样本的普遍性和代表性，不能任意扩大做结论的对象范围。例如，在某社区或人群中做的调研结果不能想当然地扩大到与其邻近的社区或人群。不能简单地根据一个或几个人口统计指标（例如居住范围、年龄、性别、婚姻状况等）将研究结论“举一反三”。

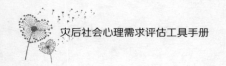

参考文献

巴比·艾尔：《社会研究方法》（第十一版），邱泽奇译，华夏出版社，2009。

Bormann，S.（2007）. *International Social Work – Social Problem*，*Cultural Issues and Social Work Education.* Opladen. Barbara：Budrich Publishers.

IASC Needs Assessment Task Force. Operational Guidance for Coordinated Assessments in Humanitarian Crises（Provisional Version February 2011），2011.

Sim，T.（2013）. Resilient Children：A Chinese Post – disaster Psychosocial Work Model. *Social Dialogue*，September Issue，76 – 79.

World Health Organization & United Nations High Commissioner for Refugees.（2012）. *Assessing Mental Health and Psychosocial Needs and Resources*：*Toolkit for Major Humanitarian Settings.* Geneva：WHO.

第3章 评估工具

我们共编制了11个用于评估灾后社区居民社会心理需求的工具并列于表3-1中，可根据情况、针对不同群体有选择性地使用不同工具。

表3-1 评估工具识别指南

工具编号	工具名称	使用方法	参与者	所需时间	页码
1	收集被调查地与精神健康和社会心理支持的信息	a）文献综述 b）个人或小组访谈	a）评估员或研究人员 b）高校的教授、学者，也可以是当地政府部门、学校和社区的领导干部	7~10天	32
2	需要通过政府和相关部门领导获得的相关信息	资料收集	政府部门领导或负责人	1天	36

续表

工具编号	工具名称	使用方法	参与者	所需时间	页码
3	在自然灾害环境中整合初级医疗服务机构内的精神健康状况审核表	a）实地考察 b）个人访谈	当地初级医疗服务机构的管理人员和其他相关工作人员	30～60分钟	38
4	自然灾害中灾难人群感知需求状况评定表（HESPER）	a）问卷调查 b）个人访谈	受灾社区成员	15～30分钟	48
5	世界卫生组织－联合国难民署自然灾害受灾民众严重症状评定表（现场调查版）	a）实地考察 b）个人访谈	自然灾害环境下18岁及以上的受灾人群	15分钟	54
6	普通社区成员的观点	个人或小组访谈	普通社区成员，包括老人、妇女、儿童和残疾人	30分钟至1个小时	61
7	对社区有深入了解的社区成员的观点	个人或小组访谈	居委会成员、村长、妇女小组组长、青年领袖、中小学学校校长、幼儿园老师等	1～2个小时	64

续表

工具编号	工具名称	使用方法	参与者	所需时间	页码
			只要对当地情况、针对某群体有深入认识的人士，包括年轻人都可以邀请		
8	受灾严重的社区成员的观点	个人或小组访谈	受灾严重的社区成员，包括老人、妇女、儿童、青少年和残疾人	1个小时	69
9	评估家庭功能和资源（APGAR，SCREEM－RES）	问卷调查	以家庭为基本单位（每户可选取一位家庭成员对问卷进行作答）	10～15分钟	72
10	SF－36健康调查量表	问卷调查	14岁及以上社区成员（或以老年人为主）	10分钟	77
11	Conners儿童行为问卷（父母用量表）	问卷调查	3～17岁儿童和青少年的父母	5分钟	84

工具1：收集被调查地与精神健康和社会心理支持的信息[①]

背　景

该工具的核心部分（A部分）是一个用于开展文献材料收集和汇总的内容列表。此表列出了几个重要的主题，而在收集和总结现有信息时应当围绕这些主题展开，但是也有必要针对不同的环境背景对这些主题进行适当的调整。所收集的信息在多大程度上涵盖表中列出的主题取决于可获得或可利用的信息资料。在不同的自然灾害背景下将会有不同的信息可利用，且重要信息的内容也不尽相同。

通常，通过采访国内外专家来收集信息也是一个非常有效的方法。B部分举例列出了几个可以用来向国内外专家咨询的问题。这些问题主要为了弥补通过既有文献收集资料的不足。如果时间允许的话，必须由两个当地专家通读文献综述报告后方可结束信息收集工作。

灵活使用该工具以避免评估报告中存在过多的重复内容。另外值得注意的是，报告内容应能够被没有接受过正规学术训练的

① 工具1～8来源：World Health Organization & United Nations High Commissioner for Refugees.（2012）*Assessing Mental Health and Psychosocial Needs and Resources：Toolkit for Major Humanitarian Settings*. Geneva：WHO，这些工具的原始版均为英文。

人员所理解，这就要求在撰写评估报告时应该尽量避免使用术语和理论。如果可能的话，报告应该尽量使用简单通俗的语言，甚至可以翻译成当地居民使用的主要语言。

最后，报告应该通过网络平台让每一个精神卫生和社会心理支持的从业者分享。

参与者

- 由评估员或研究人员负责 A 部分的信息收集或文献综述
- 完成 B 部分所涉及的相关专家可以是高校的教授、学者，也可以是当地政府部门、学校和社区的领导干部

资料收集方法

- 文献综述
- 个人或小组访谈

A 部分：文献综述内容示例

1. 简介
   1.1 描述当下或者近期发生的紧急事件
   1.2 描述收集既有信息所使用的方法（包括使用过的文库检索词汇）

2. 自然灾害发生地的综合背景
   2.1 地理方面（比如气候、邻国）
   2.2 人口方面（比如人口数量、年龄分布、语言、受教育情况/文化程度、宗教、民族、迁移模式、在灾害或紧急事件中遇难风险最大的群体）
   2.3 历史方面（比如早期历史、殖民情况、最近的政治历史）
   2.4 政治方面（比如政府组织、权力的分布、有竞争关系的群体或政党）

续表

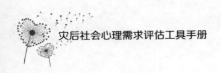

2.5 宗教方面（比如宗教团体、重要的宗教信仰和实践、不同群体的关系）
2.6 经济方面（人类发展指数、主要的生计和收入来源、失业率、贫困率、资源）
2.7 性别与家庭方面（家庭生活的组织、传统的性别角色）
2.8 文化方面（传统、禁忌、仪式）
2.9 一般健康方面
2.9.1 死亡率、死亡威胁、常见疾病
2.9.2 一般卫生系统的正式概述结构

3. 自然灾害发生地的精神卫生和社会心理背景
3.1 精神卫生和社会心理问题及资源
3.1.1 国内关于精神障碍和风险/保护性因素的流行病学研究、自杀率
3.1.2 对悲痛的本土化表述方式和民间诊断，创伤和失去的本土概念
3.1.3 精神和社会心理问题的解释模型
3.1.4 自我概念（比如身体、灵魂和精神的关系）
3.1.5 痛苦或不幸的主要来源（比如贫穷、虐待儿童、不孕）
3.1.6 正式的和非正式的教育部门在社会心理支持中扮演的角色
3.1.7 正式的社会部门（比如社会服务部门）在社会心理支持中扮演的角色
3.1.8 非正式的社会部门（如社区保护系统、邻里系统、其他社区资源）在社会心理支持中扮演的角色
3.1.9 非对抗疗法（Nonallopathic）卫生系统（包括传统卫生系统）在精神卫生和社会心理支持中扮演的角色
3.1.10 寻求帮助的模式（遇到何种问题及到哪里寻求帮助）
3.2 精神卫生系统
3.2.1 精神卫生政策及立法框架和领导者
3.2.2 正式的精神卫生服务（基础的及第二级和第三级的护理服务）

续表

3.2.3 政府、私人机构、NGO以及传统治疗师在提供精神健康护理服务时扮演的相关角色
4. 自然灾害或其他紧急事件发生的背景 4.1 历史上在我国发生过的自然灾害或紧急事件 4.2 灾害援助的一般经验 4.3 灾害援助中涉及精神卫生和社会心理支持的经验
5. 结论 5.1 预期可能存在的关于精神卫生和社会心理支持的挑战和缺口 5.2 预期可能存在的关于精神卫生和社会心理支持的机遇
6. 参考文献
B部分：需要通过访问文化和医学专家、社会人类学专家、社会学家、从事社会-文化研究的专家以及其他关键信息提供者获得的资料
援助提供者在参与精神健康和社会心理支持工作时应该注意的信仰、文化等基本问题有哪些？应该避免哪些行动？ 有必要的话可进一步提出以下问题： • 当地居民描述情感困惑的方式 • 应对情感困惑的现有资源 • 本地的权力结构（比如当地基于亲属关系、年龄、性别和超自然的知识而设立的等级制度） • 政治环境（比如徇私、腐败、动荡等问题） • 不同社会群体的相互关系（比如民族和种族） • 社会弱势群体或被边缘化的群体 • 援助机构以前遇到过的困难或教训 • 性别关系 • 接受社区以外的组织提供的服务 • 援助提供者需要知道的其他信息

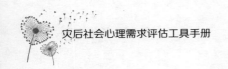

工具 2：需要通过政府和相关部门领导获得的相关信息

背　景

基本的物质需求、教育和安全考量是灾后精神卫生和社会心理的核心问题，因而在评估报告中应至少用一段话来详细叙述这些问题。这些信息可以通过网站或者政府部门的下属机构获得。另外，直接联系政府部门的领导似乎是获取核心信息的有效方法。

参与者

政府部门领导或负责人

资料收集方法

通过政府部门领导获取相关资料

信息类型	信息来源	联系人	信息是否已获得？（若“是”则打钩）
1. 人口规模	政府部门/部门领导		
2. 高危人群	政府部门/部门领导		
3. 高危人群规模	政府部门/部门领导		
4. 死亡率	卫生部门/部门领导		
5. 死亡威胁	卫生部门/部门领导		
6. 基本需求的获取（1）：食物	营养和食品安全部门/部门领导		

续表

信息类型	信息来源	联系人	信息是否已获得？（若“是”则打钩）
7. 基本需求的获取（2）：避难处（帐篷、板房）	应急避难部门/部门领导		
8. 基本需求的获取（3）：水和卫生用品	卫生部门/部门领导		
9. 基本需求的获取（4）：健康保健和现有的精神卫生服务	卫生保健部门/部门领导		
10. 教育获得	教育部门/部门领导		
11. 人权保障信息	安全保障部门/部门领导		
12. 社会、政治、宗教和经济的结构与变化	安全保障部门/部门领导		
13. 生计活动的变化和日常社区生活	营养部门/部门领导/ 安全保障部门/部门领导 应急避难部门/部门领导		
14. 教育和社会服务以及危机对它们的影响	教育部门/部门领导 安全保障部门/部门领导		

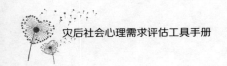

工具 3：在自然灾害环境中整合初级医疗服务机构内的精神健康状况审核表

背　景

通过访问当地初级医疗服务机构的管理人员和其他相关工作人员等主要的信息提供者，可以评估该地人员的心理和社会问题的重要程度，亦能考察这些心理和社会问题在初级医疗服务机构内得到多大程度的处理。

这个工具虽然集中于对初级医疗服务机构的评估，但它也可用于其他级别的综合医疗护理机构。同样，虽然此工具主要关注精神障碍方面的问题，但是它也涵盖了精神疾病范畴的问题，如癫痫病。

参与者

当地初级医疗服务机构的管理人员或其他相关工作人员

资料收集方法

- 实地考察
- 个人访谈

名字/设施的描述	
属区范围	
日期	
采访者姓名	

续表

访问持续时间	
关键信息 1 姓名、职务、电话号码、邮箱	
关键信息 2 姓名、职务、电话号码、邮箱	
关键信息 3 姓名、职务、电话号码、邮箱	

1. 健康信息系统的指标

1.1 每周发病率报告中有无对精神障碍方面的记录	是□否□ 不知道/不适用□ 注释：
1.2 根据健康信息系统，本诊所在过去两周内，有多少人出现以下症状	
1.2.1 抑郁症	是□否□ 不知道/不适用□ 注释：
1.2.2 癫痫	是□否□ 不知道/不适用□ 注释：
1.2.3 精神病	是□否□ 不知道/不适用□ 注释：

续表

1.2.4 其他精神疾病	是□否□ 不知道/不适用□ 注释：
2. 工作人员胜任指标	
2.1 对可使用资源的了解程度	
2.1.1 健康服务人员知晓可以转介的精神卫生系统（比如，知道邻近的精神卫生服务机构的地点、大概的费用、个案转介相关程序）	是□否□ 不知道/不适用□ 注释：
2.1.2 健康服务人员是否知晓为家庭暴力和强奸等社会问题的受害者提供保护的渠道和社会支持（比如，保护机构/网络、社区/社会支持、社区支持系统、法律服务）	是□否□ 不知道/不适用□ 注释：
2.2 在过去两年中服务人员接受过的相关训练	
2.2.1 交流技巧（如主动聆听、尊重的态度）	是□否□ 不知道/不适用□ 注释：
2.2.2 基本的问题解决和咨询方法	是□否□ 不知道/不适用□ 注释：
2.2.3 为丧亲者提供基本的支持	是□否□ 不知道/不适用□ 注释：

续表

2.2.4 提供心理紧急救助（为那些最近受创伤事件影响的人提供基本的心理和社会支持）	是□否□ 不知道/不适用□ 注释：
2.3 诊所内至少有一名工作人员可以辨别以下症状并提供系统的帮助	
2.3.1 抑郁症	是□否□ 不知道/不适用□ 注释：
2.3.2 精神病	是□否□ 不知道/不适用□ 注释：
2.3.3 癫痫	是□否□ 不知道/不适用□ 注释：
2.3.4 儿童和青少年的发育和行为问题	是□否□ 不知道/不适用□ 注释：
2.3.5 酒精成瘾	是□否□ 不知道/不适用□ 注释：
2.3.6 药物滥用	是□否□ 不知道/不适用□ 注释：

续表

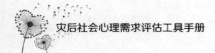

2.3.7 创伤后应激障碍	是□否□ 不知道/不适用□ 注释:
2.3.8 严重或造成功能损失的急性创伤或诱导性焦虑	是□否□ 不知道/不适用□ 注释:
2.3.9 自残、自杀	是□否□ 不知道/不适用□ 注释:
2.3.10 躯体障碍	是□否□ 不知道/不适用□ 注释:

2.4 具体说明近两年内以下三类医护人员接受过哪些精神障碍相关训练和临床督导
全科医师: 护士: 其他工作人员:
2.5 组织哪种类型的临床督导更具有实际操作性

3. 治疗精神异常的药物

药物种类	过去两周内在邻近药店或初级医疗服务机构中可获得药品的概率	具体描述可获得的药品(举例)

续表

3.1 通用抗抑郁药物	经常	阿米替林（Amitriptyline）、氟西汀（Fluoxetine）
3.2 通用抗焦虑药物	经常	地西泮（Diazepam）
3.3 通用治疗精神疾病的药物	经常	氟哌啶醇（Haloperidol）、氯丙嗪（Chlorpromazine）
3.4 通用抗癫痫药物	经常	苯巴比妥（Phenobarbital）、卡马西平（Carbamazepine）、地西泮（Diazepam）、苯妥英（Phenytoin）、丙戊酸（Valproic Acid）
3.5 通用抗帕金森病药物，用于控制治疗精神病的药物引起的副作用的药物	经常	盐酸比哌立登（Biperiden Hgdroch Loride）

4. 转诊病人指标

4.1 过去两周内初级医疗服务机构患精神障碍及相关病症的转诊病人来自	
4.1.1 精神卫生专业保健机构（二级、三级医疗机构或私人医疗机构）	经常□ 有时□ 从未□

续表

4.1.2 社区健康工作人员、其他社区工作人员、学校、社会服务与其他社区社会支持、传统治疗师和宗教治疗师	经常□ 有时□ 从未□
4.2 过去两周内初级医疗服务机构将转诊病人转介到哪里	
4.2.1 精神卫生专业保健机构（二级、三级或私人医疗机构）	经常□ 有时□ 从未□
4.2.2 社区健康工作人员、其他社区工作人员、学校、社会服务与其他社区社会支持、传统治疗师、宗教治疗师	经常□ 有时□ 从未□
5. 工作人员和工作量	
5.1 诊所中任意时间段内全科医师的大致数量	不知道/不适用□ 注释：
5.2 诊所中任意时间段内护士的大致数量	不知道/不适用□ 注释：
5.3 诊所中任意时间段内其他工作人员（如卫生官员）的大致数量	不知道/不适用□ 注释：
5.4 过去一周每个诊所内病人（有任何健康问题）的大致数量	不知道/不适用□ 注释：

续表

5.5 每小时能问诊病人的大致数量	不知道/不适用□ 注释：
5.6 每小时护士照顾病人的大致数量	不知道/不适用□ 注释：
5.7 在属区中社区健康工作人员的大致数量	不知道/不适用□ 注释：
6. 紧急状况和自然灾害对以下各项有何影响	
6.1 任意时间内本机构工作人员的数量	
6.2 精神药品的可获得概率	
6.3 因任何健康问题寻求帮助的人数	
6.4 因精神健康问题寻求帮助的人数	
7. 社会指标	
7.1 卫生机构与受益社区间安全的步行距离	是□否□不知道/不适用□ 注释：
7.2 病人到达卫生保健机构需要步行的最远距离	是□否□不知道/不适用□ 注释：
7.3 诊所至少有一名女性医疗保健人员	是□否□不知道/不适用□ 注释：
7.4 诊所至少有一名会说一种本地语言的工作人员	是□否□不知道/不适用□ 注释：

续表

7.5 有固定程序确保在治疗程序开始之前取得病患的同意	是□否□不知道/不适用□ 注释：
7.6 医疗服务在尊重隐私的情况下提供（如诊断区域用隔帘遮挡）	是□否□不知道/不适用□ 注释：
7.7 病人的健康状况和可能的相关生活信息是严格保密的（如被强奸和虐待）	是□否□不知道/不适用□ 注释：
7.8 初级医疗机构可以照顾所有的病患	是□否□不知道/不适用□ 注释：

8.1 根据主要受访者提供的信息，列出三个在初级医疗机构中辨别和处理精神疾病的主要障碍（以及推荐的解决方法）

障碍	解决方法
1	
2	
3	

8.2 请评估员列出三个在初级医疗机构中辨别和处理精神疾病的主要障碍（以及推荐的解决方法）

障碍	解决方式
1	
2	
3	

9. 评估员推荐的行动	时间	推荐人
9.1		
9.2		
9.3		

续表

9.4		
9.5		
9.6		
9.7		
9.8		
9.9		
9.10		

工具4：自然灾害中受难人群感知需求状况评定表（HESPER）[1]

背　景

该工具是由世界卫生组织（WHO）下属的精神卫生和药物滥用部门与伦敦国王学院精神病学研究协会共同开发出来的。开发该工具是为了提供一个科学有效的、可用于评定被大规模自然灾害影响的人群的感知需求的量表，其中“感知需求”指的是那些由受影响人群自己感受并表达的需求以及需要接受的帮助。该工具可评定广泛的社会、心理和生理方面的问题及需求，它还可以帮助灾害救援者或其他支持者迅速地确认那些受影响人群需要获取帮助的领域。然而，它亦需要进行后续深度评估工作去充分认识那些受影响人群所表达的各类需要，继而决定哪些确切的干预和支持行为可能会对这些人群有所帮助。由于该工具对需求的评估结果是直接以受自然灾害影响人群的观点为基础的，因而它可以更加准确地反映受影响人群需要帮助解决的严重问题以及相应的需求。

参与者

- 对参与者没有特殊要求

---

① 工具4引自WHO & UNHCR（2012），原始信息来源于WHO & Kings College London.（2012）. The Humanitarian Emergency Settings Perceived Needs Scale（HESPER）：Manual with Scale. Geneva。

- 理论上应选择有代表性的样本参与评估，但在紧急情况下也可以使用便利样本

资料收集方法

- 问卷调查
- 个人访谈

日　　期：	采访者姓名：	受访者编号：
家庭住址：	性别：	年龄：

等级评定：

0 = 没有严重问题；1 = 有严重问题；9 = 不清楚/不适用/拒绝回答

下面我们将会问一些您现阶段可能遇到的严重问题。我们非常希望知道您的想法，也就是您认为您生活中存在哪些严重的问题。请您按照评分等级在以下各项问题后面的打分栏中填入 0、1 或 9，回答没有对错之分。

您生活中是否存在如下所示严重问题	打分
1 饮用水 缺乏足够的饮用水	
2 食物 比如没有足够的食物，或者没有高质量的食物，抑或没有烹饪设施	

续表

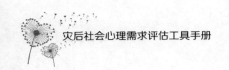

您生活中是否存在如下所示严重问题	打分
3 住所 没有合适的住所	
4 厕所 没有安全、易用并且整洁的厕所可供使用	
5 卫生保健 对于男性：在所处的环境中，保持卫生是否困难？比如，没有足够的肥皂、热水和洗漱的空间 对于女性：在所处的环境中，保持卫生是否困难？比如，没有足够的肥皂、热水、卫生巾和洗漱的空间	
6 衣物、鞋袜、被褥 没有充足的或者质量较好的衣物、鞋袜或被褥	
7 收入和生计 没有足够支撑生活的收入或其他经济资源	
8 生理健康 比如，存在残疾、受伤和生理疾病等问题	
9 卫生保健 针对男性：无法得到适当的卫生保健服务，比如治疗和药品 针对女性：无法得到适当的卫生保健服务，比如治疗和药品，或者在怀孕和生产期间的卫生保健服务	
10 悲痛 感到非常悲痛并影响到你的正常生活，比如烦乱、悲伤、担忧、害怕和愤怒	

续表

您生活中是否存在如下所示严重问题	打分
11 安全 家庭的现居住地不安全、缺乏保护，比如在村子和社区中存在暴力行为、冲突和犯罪	
12 孩子的教育 孩子是否辍学或没有受到应有的教育	
13 照顾家庭成员 照顾一起生活的家人时感到非常困难，比如照顾小孩、老人、患有心理和生理疾病的家人或残疾的家人	
14 外界的支持 从社区中没有得到足够的支持，比如情感支持和实际的支持	
15 没有与家人在一起	
16 被迫离开家 自己被转移到国外或国内其他城市或乡村	
17 信息 对于被重新安置的灾民：是否因没有足够的信息而感到困扰，比如不清楚从哪里可以获得援助或者不清楚自己所在的省份或家乡正在发生什么 对于没有被重新安置的灾民：是否因没有足够的信息而感到困扰，比如不清楚从哪里可以获得援助	
18 援助提供方式 没有得到足够援助，因为援助分配方式的不公平或者因为援助提供前没有采纳当地居民的意见	

续表

您生活中是否存在如下所示严重问题	打分
19 尊重 感到不被尊重或被羞辱	
20 交通 出行不便，比如无法步行去其他的村落或城镇，或没有便利的交通工具	
21 有太多的空闲时间 每天都感到无事可做	

以下几个问题和当地的居民相关，所以在回答问题时，请注意考虑其他居民的情况而并非仅仅考虑本人的情况

22 社区法律和司法 社区中是否有完善的司法系统，或者人们不清楚自己的法定权利?	
23 社区中妇女的权益 在社区中或者在家中，妇女是否可以获得免于遭受肢体暴力或性暴力等严重问题的保护?	
24 社区中酒精和药物滥用情况 在社区中是否存在居民酒精成瘾或是用一些有害药物的严重问题?	
25 社区中居民的心理健康状况 社区中居民是否存在心理健康方面的问题，例如抑郁、与其他人相比更容易悲伤、情绪低落等	

续表

26 社区中是否有独自居住的居民 在社区中，是否有独自居住的居民且这些居民在自我照顾方面有严重问题？比如留守儿童（孤儿）、寡妇、老人或者无人照料的残疾人、病人（生理和心理疾病）	

其他严重问题

是否还有其他的我们没有提到的严重问题？	
27 28 29	

根据问题的严重性排序（评估员本人填写）

仔细阅读全部打分为 1 的问题和其他被提到的问题，将问题的序号和名称写下
1. 在以上问题中，哪一个是最严重的？ 2. 哪一个是第二严重的？ 3. 哪一个是第三严重的？

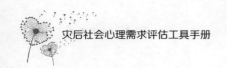

工具5：世界卫生组织-联合国难民署自然灾害受灾民众严重症状评定表（现场调查版）

背 景

灾害或紧急情况下的健康调查为受灾人群的精神健康提供了评估机会。本工具适合作为灾害环境产生的精神健康问题的综合调查。这个工具应主要由灾害救援人员和支持者来使用，并且可以由不具备专业背景的精神健康知识的调查者执行。

本工具的目的主要是识别那些优先需要精神健康护理的人群。因此，所选用的问题旨在识别出那些具有严重的忧虑症和精神功能受损的人群，及时辨识出这些人群将有利于向公共卫生政策决策者建议在多大程度上某些特定的精神健康问题需要特别关注，亦可以向社区精神健康服务机构建议某个受访者是否有潜在的精神障碍。

本工具包括两个部分：第一部分是对受访者基本信息的收集。第二部分包括 A 和 B 两个子部分。A 部分主要涵盖了一些受访者可能患有的严重并常见的忧虑和精神功能受损症状。B 部分包含了受访者家庭成员可能患有的更宽范围的症状，包括精神错乱和癫痫症等。需要注意的是，B 部分意图测量比 A 部分更严重的功能受损症状。

参与者

自然灾害环境下 18 岁及以上的受灾人群

资料收集方法

- 问卷调查
- 个人访谈

资料分析方法

- 评估员应报告精神障碍的症状而非严重程度，达到这一目的最简单的方法是分析受访者对每一个问题给出的不同答案的比例。生成的报告可以是如下形式：

X%的被调查者在过去两周总是感觉到非常害怕以致无法平静；

Y%的被调查者在过去两周的大部分时间都感到非常生气甚至失控；

Z%的被调查者在过去两周总是感到对过去感兴趣的事情提不起兴趣，甚至不想做任何事情。

- 在对该工具第二部分的 A 部分进行分析时，被调查者中对 6 个问题的其中 3 个或 3 个以上问题选择“总是”“大多数时间”“有时”则标记为阳性，其他标记为阴性。对被标记为阳性的灾民应优先考虑给予精神健康护理或介入。

第一部分：受访者的基本信息

受访者的基本信息
姓名：
年龄：
性别：
宗教信仰：

续表

受访者的基本信息
民族：
就业情况：
家庭住址：

第二部分：A. 以下几个问题的目的在于了解您过去（两周时间内，或其他适用的时间段）[①] 的感受。（A 部分应尽可能让一个家庭内所有 18 岁及以上的家庭成员分别作答）

A.1 过去（填入适用的时间段）您是否感到非常害怕以致无法平静？

1. 总是
2. 大多数时间
3. 有时
4. 很少
5. 没有
6. 不知道
7. 拒绝回答

A.2 过去（填入适用的时间段）您是否感到非常生气以致失控？

1. 总是
2. 大多数时间

① 此处时间段的选择是开放式的，应根据被评估社区的实际情况而定。

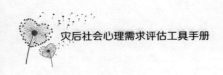

3. 有时

4. 很少

5. 没有

6. 不知道

7. 拒绝回答

A. 3 过去（填入适用的时间段）您是否感到对您过去感兴趣的事情提不起兴趣，甚至不想做任何事情？

1. 总是

2. 大多数时间

3. 有时

4. 很少

5. 没有

6. 不知道

7. 拒绝回答

A. 4 过去（填入适用的时间段）您是否感到绝望甚至不想再继续生活下去？

1. 总是

2. 大多数时间

3. 有时

4. 很少

5. 没有

6. 不知道

7. 拒绝回答

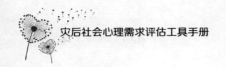

A. 5 过去（填入适用的时间段）您是否会被地震、泥石流等灾害严重困扰以致您想要试着避开一些有可能使您回想起这些灾害的地点、人、谈话或者活动呢？

1. 总是
2. 大多数时间
3. 有时
4. 很少
5. 没有
6. 不知道
7. 拒绝回答

A. 6 过去（填入适用的时间段）您是否因为害怕、愤怒、疲乏、无趣、绝望和沮丧等情绪无法完成日常活动？

1. 总是
2. 大多数时间
3. 有时
4. 很少
5. 没有
6. 不知道
7. 拒绝回答

工具6：普通社区成员的观点

背 景

利用本工具可有效地从居住在自然灾害发生地的普通社区成员那里获取一手信息。在使用这个工具时，评估员首先通过让参与者即兴列出他们在日常生活中遇到的问题，然后评估员根据自己的研究兴趣，即精神健康与社会心理问题，选出相关的问题，并进一步评估这些问题是怎样影响人们的日常功能以及人们是如何应对的。

参与者

普通社区成员，包括老人、妇女、儿童和残疾人

资料收集方法

个人或小组访谈（但是，我们建议最好每次只选一名社区成员参与访谈，因为一组成员在一起可能会影响彼此的作答。我们建议一共访问10～15位社区成员，但是若额外的访谈有可能会提供新的相关信息，那么采访15位以上的社区成员也是有必要的）。

第1步：为了展开讨论，您需要请参与者回答“在自然灾害发生后的社区中，哪个或哪些群体（比如，老人、妇女、儿童、男人、残疾人、移民或贫困人群等）是您最关心的?”

第2步：罗列问题并选择相关问题

2.1“这次自然灾害对（插入你关注的群体）造成了哪些问

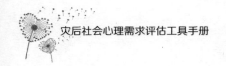

题？请尽量列出您能想到的所有问题。”

注释：

a）关注的群体可以包括妇女、儿童、男性、精神障碍者等；

b）访谈中要不断地鼓励受访者给出更多的答案。比如当受访者列出一些问题后即保持沉默，你可以继续问：

“自然灾害给（选择你感兴趣的群体）带来了其他哪些方面的问题呢？请您尽量列出更多您能想到的问题。”受访者可能又会列出几个问题，你可以继续问这个问题直到受访者再也给不了任何答案。

c）在列出问题之后，为了完成接下来的表格，应该让受访者对列出的每个问题进行一下简短的描述。

2.2 再回顾受访者对问题 2.1 的回应，然后按照下面的提示选出那些与精神卫生和社会心理支持相关的问题。

比如：

a）和社会关系有关的问题（社区暴力、虐待儿童、家庭分裂）；

b）与以下几点相关的问题：

- 感受（比如感到悲伤或害怕）
- 想法（比如不断思考）
- 行为（比如喝酒）

第 3 步：问题排序

3.1 请受访者回答哪些与精神健康/社会心理需求相关的问题是他们认为重要的及其原因。

“在您刚才提到的一些问题中，包括（读出在 2.2 中列出的问题)，哪个是您觉得最重要的问题？为什么？”

“在这些问题中，哪个是第二重要的？为什么”

“在这些问题中，哪个的重要性排在第三位？为什么？”

第 4 步：日常功能和应对方式

4.1 通过问参与者哪些活动或工作受到了影响来确认精神卫生/社会心理方面的问题对他们的日常功能的影响。

“有时（说出在 2.2 中列出的问题）会成为一个人日常活动的障碍，比如他们为自己、家人和社区做的事情。如果一个（插入你关注的群体）正遭受（再次说出在 2.2 中列出的问题），对于他们来说，什么样的活动变得困难了？”

4.2 接下来试着确定关注的群体如何应对精神卫生/社会心理问题，并且确定这些应对行为是否对他们有帮助。

“为应对这样的问题，（插入你关注的群体）能做哪些事情？比如，他们自己能做的事情，或是他们和家人、社区一起做的事情。”“这些事情是否能够有效应对这个问题？”

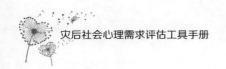

工具7：对社区有深入了解的社区成员的观点

背　景

本工具尤其适用于工具6之后，以便在基本信息的基础上收集更深入的关于社区成员的精神卫生和社会心理支持方面的问题或需求。该工具中提到的问题可用于访谈熟悉社区情况的社区成员。

参与者

居委会成员、村长、妇女小组组长、青年领袖、中小学学校校长、幼儿园老师等。只要对当地情况、针对某群体有深入认识的人士，包括年轻人都可以邀请。

数据收集方法

个人或小组访谈（但是，我们建议最好每次只选一位社区成员参与访谈，因为一组成员在一起可能会影响彼此的作答。我们建议一共访问10~15位社区成员，但是若额外的访谈有可能会提供新的相关信息，那么采访15位以上的社区成员也是有必要的）。

A. 创伤的来源

首先，我想要问您一些与您所生活的社区相关的问题：

在您的社区中，人们一般认为是什么原因导致当前的灾难（比如地震、泥石流、洪水、爆炸或武装冲突）？

根据社区成员的意见，（上述灾难）造成哪些后果呢？

根据社区成员的意见，（上述灾难）对未来的生活有哪些影响呢？

（上述灾难）如何影响社区居民的日常生活？
（上述灾难）如何影响人们的生计或工作？
社区居民准备怎样从这场灾难中恢复？

B．高危群体

在当前的危机中，您认为哪一个群体（比如，儿童、青少年、妇女、男人、残疾人、移民或贫困人群）等受到最多的侵害，还有其他的群体吗？

C．创伤和支持的本质

C1．现在，我想问一些关于儿童的问题。

（这些问题可以对男孩和女孩分别提问，也可以根据年龄对儿童进行分组，比如6岁以下的儿童、6～12岁的儿童和13～18岁的青少年）

- 社区以外的人怎样辨别一个孩子由于这次灾难的发生而出现的烦乱/悲伤的情绪？
- 那些孩子看起来怎么样？
- 他们有怎样的行为？
- 他们的烦乱是否有不同的类型？有哪些类型？
- 男孩和女孩或不同年龄的孩子之间有什么不同，怎样辨别？
- 在正常的情境（灾难发生前）下，社区成员通常是如何缓解孩子心情烦乱/悲伤等情绪的？
- 社区成员现在（灾难发生后）是如何减少孩子们烦乱/悲伤的情绪的？
- 还有其他的办法可以帮助那些孩子吗？
- 烦乱/悲伤的孩子可以去哪里寻求帮助？

C2．现在，我想问一些关于妇女的问题。

- 社区以外的人怎样辨别一位妇女由于这次灾难的发生而出现的烦乱/悲伤的情绪？
- 那些妇女看起来怎么样？

续表

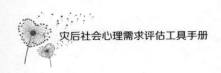

• 她们有怎样的行为？ • 她们的烦乱是否有不同的类型？有哪些类型？ • 年龄不同的妇女，她们的烦恼或痛苦有什么不同，怎样辨别？ • 在正常的情境（灾难发生前）下，社区成员通常是如何缓解妇女的烦乱/悲伤等情绪的？ • 社区成员现在（灾难发生后）有什么办法减少妇女烦乱/悲伤的情绪？ • 还有其他的办法可以帮助那些妇女吗？ • 烦乱/悲伤的妇女可以去哪里寻求帮助？
C3. 现在，我想问一些关于男性的问题。 • 社区以外的人怎样辨别一个男人由于这次灾难的发生而出现的烦乱/悲伤的情绪？ • 那些男人看起来怎么样？ • 他们有怎样的行为？ • 他们的烦乱是否有不同的类型？有哪些类型？ • 年龄不同的男人，他们的痛苦或烦恼有什么不同，怎样辨别？ • 在正常的情境（灾难发生前）下，社区成员通常是如何缓解男人的烦乱/悲伤等情绪的？ • 社区成员现在（灾难发生后）有什么办法减少男人烦乱/悲伤的情绪？ • 还有其他的办法可以帮助那些男人吗？ • 烦乱/悲伤的男人可以去哪里寻求帮助？
C4. 现在，我想知道当有社区成员死亡时会发生什么？ • 当社区成员死亡时，他们的亲戚和朋友是如何表达他们的悲伤的？ • 最先做的是什么？为什么？ • 其他的亲戚、朋友和社区成员怎样表达他们的支持？

续表

• 遗体怎样处理？ • 其他需要做的事情有哪些？ • 服丧期会有多久？ • 如果遗体不能被找到或是辨识，会怎样做？ • 如果这些程序不能进行（比如葬礼），他们会怎么做？ • 现在社区成员有怎样的办法可以帮助丧亲的家庭和朋友？ • 还有哪些其他的办法可以帮助丧亲的人？ • 丧亲的人可以去哪里寻求帮助？
C5. 能允许我问一下精神障碍人群的情况吗？（精神障碍这个专业术语有可能不容易被理解，如果需要，可以用一些相对简单的且恰当的同义词进行解释） • 在您的社区中，是否有精神障碍的人群？ • 他们有怎样的问题？ • 大体上，社区成员会怎样看待精神障碍人士？怎样对待他们？ • 在平常的生活中，社区成员会怎样帮助那些患有精神障碍的人们？ • 现在社区成员用怎样的办法来帮助精神障碍人群？ • 还有哪些其他的办法可以帮助他们？ • 他们可以去哪里寻求帮助？
C6. 能允许我问一下那些有过被性侵或性虐待经历的人群的情况吗？（出于敏感性的考虑，在表述时可以将性侵或性虐待替换为折磨或是其他相关的创伤性事件） • 如果一个人遭遇性侵，那个人会有怎样的问题？ • 大体上，社区成员怎样看待遭遇过性侵的人？怎样对待她们？ • 在平常的生活中，社区成员会怎样帮助这些人？ • 现在社区成员用怎样的办法来帮助这些人？ • 还有哪些其他的办法可以帮助她们？ • 她们可以去哪里寻求帮助？

续表

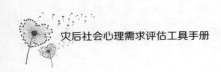

C7. 能允许我问一下酗酒人群（没法控制经常喝过多的酒）的情况吗？ • 如果一个人经常没法控制喝过多的酒，在他的家庭或社区中会发生怎样的问题？ • 如果一个人经常没法控制喝过多的酒，他或她会发生怎样的问题？ • 大体上，社区成员会怎样看酗酒人群？怎样对待他们？ • 在平常的生活中，社区成员会怎样减少因酗酒引起的问题？ • 现在社区成员用怎样的办法来减少这些问题？ • 还有哪些其他的办法可以应对这些问题？ • 出现了这些问题，人们可以去哪里寻求帮助？

工具8：受灾严重的社区成员的观点

背 景

本工具可用来访问那些在自然灾害或紧急事件发生后受灾严重的社区成员，比如那些直接暴露于主要灾难中和遭受严重损失的人。当初步信息已经通过书面材料审查（工具1和工具2）或访问一般成员（工具6）以及对社区有深入了解的成员等方法获得后，本工具可以进一步获取更深层次的信息。同时，也可以运用本工具对所获取材料的真实性进行检验，也就是说对比检验来源不同的信息（Data Triangulation）。

参与者

受灾严重的社区成员，包括老人、妇女、儿童、青少年和残疾人）

资料收集方法

个人或小组访谈（但是，我们建议最好每次只选一位社区成员参与访谈，因为一组成员在一起可能会影响彼此的作答。我们建议一共访问10～15位社区成员，但是若额外的访谈有可能会提供新的相关信息，那么采访15位以上的社区成员也是有必要的）。

1. 心理的和社会的创伤
请您列出这次自然灾害给您带来哪些问题？ （当受访者停止叙述问题时，你可以这样引导）本次自然灾害还给您带

续表

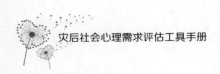

来哪些困扰？ （当受访者停止叙述问题时，你可以这样引导）其他的呢，还有哪些问题是由这次自然灾害造成的？

1. 1	
1. 2	
1. 3	
1. 4	
1. 5	

当受访者没有列出与心理健康或社会关系相关的问题时，可以尝试进一步探究心理和人际关系方面的问题。比如：

（1）您在人际关系方面是否遇到过问题？如果“是”，是什么类型的问题？比如，是否感觉自己不被尊重？您有没有像想象中那样融入社区活动中？

（2）您在个人情绪方面是否遇到过问题？如果“是”，是什么类型的问题？比如，您觉得悲伤或愤怒吗？您是否害怕？

（3）您在思考问题的方式上是否遇到过问题？如果“是”，是什么类型的问题？比如，您是否能够集中注意力做某件事情？您想得是不是过多了？您是不是经常忘记一些事情？

（4）您是否有行为上的问题？如果“是”，是什么类型的问题？比如，您会不会因为愤怒而做一些事情？您会不会做一些其他人觉得奇怪的事情？

2. 社会支持和应对
我想向您询问一些关于（第一部分提到的全部社会心理问题）
2.1 您可以告诉我（问题）怎样影响您的日常生活吗？
2.2 为了克服（问题）您曾经向人求助过吗？
2.3 您可以描述一下您是怎样处理这些问题的？您先做了什么？之后又做了什么？
2.4 在克服这个问题上，您接受过他人的帮助吗？
2.5 谁给了您帮助？
2.6 您得到了怎样的帮助？
2.7 这些帮助起到了多大的作用？
2.8 对于这个问题，您觉得您还需要更多的帮助吗？

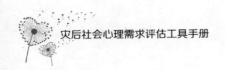

工具9：评估家庭功能和资源（APGAR，SCREEM－RES）

背　景

本工具主要用于评估家庭功能和资源。它包含两个子工具，一是 Smilkstein 医师编制的 Family APGAR①，即家庭关怀度指数问卷；另一个是由 M. Medina，Jr. M. D. 联合菲律宾大学下属菲律宾综合医院共同开发的 SCREEM－RES②，即家庭资源调查问卷。

- 家庭关怀度指数主要衡量一个家庭是在多大程度上作为一个整体行动的，评定家庭支持功能。APGAR 由 5 个单词的首字母组合而成，这 5 个单词分别是 Adaptation，Partnership，Growth，Affection，Resolve。对这 5 个因子的具体解释如下：

A：适应度，指家庭在发生问题或面临困难时，家庭成员对于内在或外在资源的运用情形；

P：合作度，指家庭成员对权利与责任的分配情况；

G：成长度，指家庭成员互相支持而趋向身心成熟与自我实现的情形；

---

① Smilkstein，MD. G.（1978）．"The Family APGAR：A Proposal for a Family Function Test and Its Use by Physicians，" *The Journal of Family Practice*，6：1231－1239.

② M. Medina and the Section of Supportive Hospice and Palliative Medicine（SHPM）．（2011）．The SCREEM Family Resource Survey. SHPM Program Document. Compendium of Filipino Assessment Tools for Clinical Practice & Research（CFAT 012011－3）．SHPM，DFCM，UP－PGH.

A：情感度，指家庭成员彼此之间相互关爱的情形；

R：亲密度，指家庭成员对彼此共享各种资源的满意情形。

• SCREEM - RES 最初是为评估菲律宾家庭的家庭资源拥有情况而开发的，它包括 6 个因子，每个因子又包括两个子因子。这 6 个因子代表原始 SCREEM 分析方法所涵盖的 6 个领域：社会资源（Social）、文化资源（Cultural）、宗教资源（Religious）、经济资源（Economic）、教育资源（Educational）和医疗资源（Medical）。这 6 个单词的首字母的组合即为 SCREEM。

参与者

以家庭为基本单位（每户可选取一位家庭成员对问卷进行作答）

资料收集方法

问卷调查

资料分析方法

• APGAR 由 5 个项目组成，包括适应度、合作度、成长度、情感度及亲密度。分三级评分，即经常 2 分、有时 1 分、很少 0 分。满分为 10 分，7 ~ 10 分表示家庭功能良好；4 ~ 6 分表示家庭功能中度障碍；0 ~ 3 分表示家庭功能严重障碍。

• SCREEM - RES 每个因子的评分标准为 0 ~ 3 分：非常赞同 = 3 分，同意 = 2 分，不同意 = 1 分，强烈反对 = 0 分。评估结果是根据每个因子得分的总和得出的，分数越高代表家庭所拥有的相应的资源越丰富。

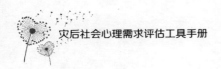

APGAR 家庭关怀度指数问卷

		经常（2）	有时（1）	很少（0）
A	当我遇到麻烦的时候我可以向家人寻求帮助			
P	我对家人跟我谈话的方式或与我分享问题的方式感到满意			
G	我的家人会接受并支持我展开新的行动或确立新的方向			
A	我很满意家人表达感情的方式以及他们对待我的生气、悲伤和爱等情绪的方式			
R	我很满意和家人共处的方式			

注：这里所说的“家人”既包括核心家庭成员又包括整个家族内的成员，比如非直系亲属关系的家庭成员也是“家人”所指代的对象。

SCREEM－RES 家庭资源调查表

当家中有人生病的时候		非常赞同（3）	同意（2）	不同意（1）	强烈反对（0）
S1	家人互相帮助				
S2	我们的朋友和邻居对我们很有帮助				
C1	我们的文化给我们的家庭以力量和勇气				
C2	我们社区乐于助人、互相关心的文化对我们的家庭很有用				
R1	我们的宗教信仰对我们的家庭很有帮助				
R2	我们的庙宇、教堂和/或宗教团体的成员，对我们的家庭有帮助				
E1	家庭的储蓄足够满足我们的需要				

续表

当家中有人生病的时候		非常赞同（3）	同意（2）	不同意（1）	强烈反对（0）
E2	家庭的收入足够满足我们的需要				
E′1	我们接受的教育和学到的知识足够使我们了解这个疾病				
E′2	我们接受的教育和学到的知识足以让我们照顾生病的家庭成员				
M1	在我们社区就医是很方便的				
M2	社区里的医生、护士或其他医疗工作者对我们很有帮助				

工具10：SF－36健康调查量表①

背 景

SF－36健康调查量表是美国波士顿健康研究所研制的简明健康调查问卷，被广泛应用于普通人群的生存质量测定、临床试验效果评价以及卫生政策评估等领域，成为全球应用最广泛的生命质量测评工具之一。SF－36健康调查量表包括36个问题、8个维度，分别对生理和心理状况进行综合测量。这8个维度包括：生理机能（Physical Functioning，PF）、生理职能（Role－physical，RP）、躯体疼痛（Bodily Pain，BP）、总体健康（Ggeneral Health，GH）、活力（Vitality，VT）、社会功能（Social Functioning，SF）、情感职能（Role－emotional，RE）与精神健康（Mental Health，MH）。另外，调查表又将健康变化（Health Transition，HT）这一维度包括进来，用于评价过去1年内个人健康状况的改变。1991年，国际生命质量评价项目将SF－36健康调查量表列为测评工具。

参与者

年龄在14岁及以上的社区成员（以老年人为主）

资料收集方法

- 问卷调查

① 李鲁、王红妹、沈毅：《SF－36健康调查表中文版的研制及其性能测试》，《中华预防医学杂志》2002年第2期。

- 个人访谈①

资料分析方法

第一步，量表条目编码；

第二步，量表条目计分；

第三步，量表健康状况各个方面计分及得分换算。得分换算的基本公式为：

$$换算得分=\frac{实际得分-该方面可能的最低得分}{该方面可能的最高得分与最低得分之差}\times 100$$

SF－36 健康调查量表

编号：　　姓名：　　性别：　　年龄：　　居住地：

1. 总体来讲，您的健康状况是：

①非常好②很好③好④一般⑤差

（权重或得分依次为 5，4，3，2，1）

2. 与 1 年以前比您觉得自己的健康状况：

①比 1 年前好多了②比 1 年前好一些③与 1 年前差不多④比 1 年前差一些⑤比 1 年前差多了

（权重或得分依次为 5，4，3，2，1）

健康和日常活动

3. 以下这些问题都和日常活动有关。请您想一想，您的健康

① 当被访问者阅读能力有限时可以采用访谈的方式完成问卷。

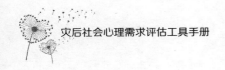

状况是否限制了这些活动？如果有限制，程度如何？

（1）重体力活动，如跑步、举重、参加剧烈运动等：

①限制很大②有些限制③毫无限制

（权重或得分依次为1，2，3；下同）

（2）适度的活动，如移动一张桌子、扫地、打太极拳、做简单体操等：

①限制很大②有些限制③毫无限制

（3）手提日用品，如买菜、购物等：

①限制很大②有些限制③毫无限制

（4）上几层楼梯：

①限制很大②有些限制③毫无限制

（5）上一层楼梯：

①限制很大②有些限制③毫无限制

（6）弯腰、屈膝、下蹲：

①限制很大②有些限制③毫无限制

（7）步行1500米以上的路程：

①限制很大②有些限制③毫无限制

（8）步行1000米的路程：

①限制很大②有些限制③毫无限制

（9）步行100米的路程：

①限制很大②有些限制③毫无限制

（10）自己洗澡、穿衣：

①限制很大②有些限制③毫无限制

4. 在过去4个星期里，您的工作和日常活动是否因为身体健康的原因而出现以下这些问题？

（1）减少了工作或其他活动时间：

①是②不是

（权重或得分依次为1，2；下同）

（2）本来想要做的事情只能完成一部分：

①是②不是

（3）想要干的工作或活动种类受到限制：

①是②不是

（4）完成工作或其他活动困难增加（比如需要额外的努力）：

①是②不是

5. 在过去4个星期里，您的工作和日常活动是否因为情绪的原因（如压抑或忧虑）而出现以下这些问题？

（1）减少了工作或活动时间：

①是②不是

（权重或得分依次为1，2；下同）

（2）本来想要做的事情只能完成一部分：

①是②不是

（3）做事情不如平时仔细：

①是②不是

6. 在过去4个星期里，您的健康或情绪不好在多大程度上影响了您与家人、朋友、邻居或集体的正常社会交往？

①完全没有影响②有一点影响③中等影响④影响很大⑤影响

非常大

（权重或得分依次为5，4，3，2，1）

7. 在过去4个星期里，您有身体疼痛吗？

①完全没有疼痛②有一点疼痛③中等疼痛④严重疼痛⑤很严重疼痛

（权重或得分依次为6，5.4，4.2，3.1，2.2，1）

8. 在过去4个星期里，您的身体疼痛影响了您的工作和做家务吗？

①完全没有影响②有一点影响③中等影响④影响很大⑤影响非常大

（如果7无8无，权重或得分依次为6，4.75，3.5，2.25，1.0；如果为7有8无，则为5，4，3，2，1）

您的感觉

9. 以下这些问题是关于过去1个月里您自己的感觉，对每一条问题所说的事情，您的情况是怎样的？

（1）您觉得生活充实：

①所有的时间②大部分时间③比较多时间④一部分时间⑤小部分时间⑥没有这种感觉

（权重或得分依次为6，5，4，3，2，1）

（2）您是一个敏感的人：

①所有的时间②大部分时间③比较多时间④一部分时间⑤小部分时间⑥没有这种感觉

（权重或得分依次为1，2，3，4，5，6）

（3）您的情绪非常不好，什么事都不能使您高兴起来：

①所有的时间②大部分时间③比较多时间④一部分时间⑤小部分时间⑥没有这种感觉

（权重或得分依次为1，2，3，4，5，6）

（4）您的心理很平静：

①所有的时间②大部分时间③比较多时间④一部分时间⑤小部分时间⑥没有这种感觉

（权重或得分依次为6，5，4，3，2，1）

（5）您做事精力充沛：

①所有的时间②大部分时间③比较多时间④一部分时间⑤小部分时间⑥没有这种感觉

（权重或得分依次为6，5，4，3，2，1）

（6）您的情绪低落：

①所有的时间②大部分时间③比较多时间④一部分时间⑤小部分时间⑥没有这种感觉

（权重或得分依次为1，2，3，4，5，6）

（7）您觉得筋疲力尽：

①所有的时间②大部分时间③比较多时间④一部分时间⑤小部分时间⑥没有这种感觉

（权重或得分依次为1，2，3，4，5，6）

（8）您是个快乐的人：

①所有的时间②大部分时间③比较多时间④一部分时间⑤小部分时间⑥没有这种感觉

（权重或得分依次为6，5，4，3，2，1）

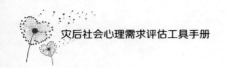

(9) 您感觉厌烦：

①所有的时间②大部分时间③比较多时间④一部分时间⑤小部分时间⑥没有这种感觉

(权重或得分依次为1，2，3，4，5，6)

10. 身体不健康影响了您的社会活动（如走亲访友）：

①所有的时间②大部分时间③比较多时间④一部分时间⑤小部分时间⑥没有这种感觉

(权重或得分依次为1，2，3，4，5，6)

11. 请看下列每一个问题，哪一种答案最符合您的情况？

(1) 我好像比别人容易生病：

①绝对正确②大部分正确③不能肯定④大部分错误⑤绝对错误

(权重或得分依次为1，2，3，4，5)

(2) 我跟周围人一样健康：

①绝对正确②大部分正确③不能肯定④大部分错误⑤绝对错误

(权重或得分依次为5，4，3，2，1)

(3) 我认为我的健康状况在变坏：

①绝对正确②大部分正确③不能肯定④大部分错误⑤绝对错误

(权重或得分依次为1，2，3，4，5)

(4) 我的健康状况非常好：

①绝对正确②大部分正确③不能肯定④大部分错误⑤绝对错误

(权重或得分依次为5，4，3，2，1)

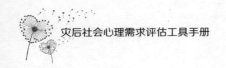

工具 11：Conners 儿童行为问卷（父母用量表）[①]

背　景

本问卷是由美国学者 Conners 于 1969 年编制的父母用儿童行为评定量表，进行过多次修订。我国已于 20 世纪 80 年代引入临床使用。Conners 儿童行为问卷是筛查儿童行为问题的量表，主要用于测查 3 ~17 岁儿童或青少年的品行问题、学习问题、心身障碍、冲动性、焦虑与多动行为。

参与者

3 ~17 岁儿童和青少年的父母

资料收集方法

问卷调查

资料分析方法

问卷共有 48 个条目，采用四级评分法（0，1，2，3）。这 48 个条目可归纳为 6 个因子，基本上概括了儿童常见的行为问题，其信度、效度已经经过较广泛的检验，能满足一般需要。其记分及计算方式均较简单，将每个因子所包括的条目得分相加算出平均值，并用 $\bar{X} \pm SD$ 来表示正常范围。

注：因子 I 品行问题包括项目：2，8，14，19，20，21，22，

① 汪向东、王希林、马弘：《心理卫生评定量表手册》（增订版），中国心理卫生杂志社，1999。

23，27，33，34，39

因子 II 学习问题包括项目：10，25，31，37

因子 III 身心障碍包括项目：32，41，43，44，48

因子 IV 冲动－多动包括项目：4，5，11，13

因子 V 焦虑包括项目：12，16，24，47

多动指数包括项目：4，7，11，13，14，25，31，33，37，38

Conners 儿童行为问卷（父母用量表）

儿童姓名：　　　　　性别：　　　　　出生日期：

以下是一些有关您的孩子平时或一贯表现的描述，请您仔细阅读，并对适合您小孩情况的答案进行选择（注：请在每个项目后面按不同程度勾选，请填齐全部项目）。

项　目	程　度			
	无	稍有	相当多	很多
1. 某种小动作（如咬指甲、吸手指、扯头发、拉衣服上的布毛）				
2. 对大人粗鲁无礼				
3. 在交朋友或保持友谊方面存在问题				
4. 易兴奋、易冲动				
5. 爱指手画脚				
6. 吸吮或咬嚼（拇指、衣服、毯子）				
7. 容易或经常哭叫				

续表

项　目	程　度			
	无	稍有	相当多	很多
8. 脾气很大				
9. 做白日梦				
10. 学习困难				
11. 扭动不安				
12. 惧怕（新环境、陌生人、陌生地方、上学）				
13. 坐立不定，经常“忙碌”				
14. 破坏性				
15. 撒谎或捏造情节				
16. 怕羞				
17. 造成的麻烦比同龄孩子多				
18. 说话与同龄儿童不同（像婴儿说话、口吃、别人不易听懂）				
19. 抵赖错误或归罪他人				
20. 好争吵				
21. 噘嘴和生气				
22. 偷窃				
23. 不服从或勉强服从				
24. 忧虑比别人多（忧虑、孤独、疾病、死亡）				
25. 做事有始无终				
26. 感情易受伤害				
27. 欺负别人				

续表

项目	程度			
	无	稍有	相当多	很多
28. 不能停止重复性活动				
29. 残忍				
30. 稚气或不成熟（自己会的事要人帮忙，依赖别人，常需要别人鼓励、支持）				
31. 容易分心或注意力不集中成为一个问题				
32. 头痛				
33. 情绪变化迅速、剧烈				
34. 不喜欢约束或不遵从纪律				
35. 经常打架				
36. 与兄弟姐妹不能很好相处				
37. 在努力中容易泄气				
38. 妨害其他儿童				
39. 基本上是一个不愉快的小孩				
40. 有饮食问题（食欲不佳、进食中常跑开）				
41. 胃痛				
42. 有睡眠问题（不能入睡、早醒、夜间起床）				
43. 其他疼痛				
44. 呕吐或恶心				
45. 感到在家庭圈子中被欺骗				

续表

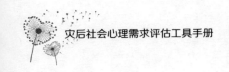

项　目	程　度			
	无	稍有	相当多	很多
46. 自夸和吹牛				
47. 让自己受别人欺骗				
48. 有大便问题（腹泻、排便不规则、便秘）				

第4章　评估报告

4.1　撰写评估报告

对于评估报告的撰写格式没有特定的要求，根据评估目的或评估执行机构等因素的不同，报告可以以多种形式呈现，但以下几点原则在任何形式的评估报告中都应有所体现。

1. 评估报告中不应有对人们的生命安全造成威胁的内容以及有可能泄露个人隐私的信息。这些信息可以单独汇报给值得信任的组织或机构，比如，当被调查者在访谈中提到自己被虐待或被侵犯等事实时，不应该将这一信息毫无保留地写在报告中，而应向执法机关等相关部门反映。

2. 评估报告中应至少包括一段使用非专业语言对评估结果进行的总结，这样才能保证不同的利益相关者（比如政府、志愿者、社区居民等）都可以理解评估结果以及评估中可能存在的缺陷。

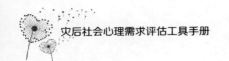

3. 机构间应分享彼此的评估报告，但前提是各机构应该尊重对方机构为收集和分析资料而付出的努力并恰当致谢。

4.2 评估报告示例

张家坪村社会心理需求评估报告

1. 张家坪村背景介绍

张家坪村位于漩口至映秀 213 国道旁，距离“5·12”汶川地震震中映秀集镇 2 公里，分为两个村民小组，全村 104 户 247 人。汶川地震后，受地理位置和地质条件影响，张家坪村受地震次生灾害影响较大。比如，在 2013 年的“7·10”特大山洪泥石流灾害期间，张家坪村牛眠沟、麻柳沟两处山体大面积垮塌暴发泥石流，前后阻断村民撤离路线，与岷江河形成“环抱”之势，三面夹击，致使全村村民不同程度地受灾。

对张家坪村村民而言，地震及其次生灾害如泥石流等不仅带来社会结构的转变，也改变了他们特有的生产、生活方式，造成一定的社会问题，并且对村民的心理健康产生不同程度的影响。于是我们于 2014 年 1～4 月有针对性地选择《手册》中的若干评估工具，系统地评估了张家坪村村民的社会心理需求，评估结果作为我们策划服务内容时科学有力的参考依据，整个评估过程也为社工团队接下来在该村展开社区服务打下了坚实的群众基础。

本报告报告了在张家坪村进行的社会心理需求评估的评估结果，但在报告中我们不赘述所有评估中呈现的问题，而是有选择性地阐述并解释有关村民社会心理的主要问题。

2. 社会心理需求评估结果

通过为期3个月的评估，张家坪村有以下7个方面的问题比较突出：①村民对自然灾害持续恐惧；②老年人健康状况有待提高；③妇女对日常生活感到不满；④家庭功能较差；⑤缺乏医疗资源；⑥学龄前儿童行为问题突出；⑦家长对如何教育子女感到困惑。下面逐一阐述以上7个方面的问题，并分别介绍所使用的评估工具。

2.1 村民对自然灾害持续的恐惧

运用工具6和工具7，我们先后访谈了10位村民。通过访谈我们了解到，自2013年7月泥石流暴发以来，村民一直处于焦虑状态，他们主要担心泥石流等自然灾害会再次发生，威胁他们的生命安全或正常生活。具体来讲，村里的一些老人会出现失眠症状，尤其在下雨的夜里，老人会感到焦躁不安。一位73岁的老人在访谈中告诉我们他一直患有严重的失眠症，每晚当他躺在床上的时候就会担心如果泥石流发生了自己逃不掉怎么办，内心焦躁不安，这种症状在雨天会更为严重。张家坪村的儿童也遭遇同样的问题，比如他们在雨夜会表现出明显的紧张和不安，无法入睡，时刻关注窗外街道的情况。一位年轻的母亲在访谈中告诉我们，她4岁的女儿雨天不敢自己睡觉，如果她一个人在房间里就会哭喊，而她2岁多的儿子在“7·10”泥石流之后又开始尿床了，她认为这是因为自己的孩子受到了惊吓。以上村民所呈现的睡眠问题说明在泥石流发生后的半年时间里，受灾民众持续处于焦虑和恐惧之中，他们时刻为自己和家人的安全担忧。

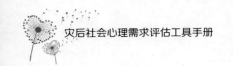

我们运用工具4开展的问卷调查结果也显示，89.7%的村民认为他们的安全存在严重的问题，并且这一问题并非由问卷中列举的“村子和社区中的暴力行为、冲突和犯罪”造成，而是由张家坪村的地理位置造成的，他们认为自己再次遭受自然灾害的可能性极大。另外，有62.1%的村民认为安全问题是所有问题中最严重的，其他问题包括收入、生计和卫生保健等。当地政府在我们展开需求评估以前已经针对张家坪村的泥石流隐患点采取措施，他们主持的泥石流治理工程在2014年汛期到来之前已经成功启用。有些村民表示，这一治理工程在一定程度上缓解了他们的焦虑情绪，但仍有一部分村民认为自己的生命安全会受到泥石流的威胁。

2.2 老年人健康状况有待提高

老年人属于弱势群体，在灾害发生后，要尤为关注这部分老年群体（Rogge，2003）。我们采用工具10调查了张家坪村所有31位60岁以上老年人的健康状况，他们的平均年龄是70.2岁，其中女性老年人占所有老年人的54.8%。工具10，即SF－36健康状况调查表包含9个维度的问题，分别对生理和心理健康状况进行综合测量，这9个维度包括：总体健康（GH）、生理机能（PF）、生理职能（RP）、情感职能（RE）、社会功能（SF）、躯体疼痛（BP）、活力（VT）、精神健康（MH）和健康变化（HT）。另外，我们相信这是第一次运用SF－36健康状况调查表评估灾后社区老年人的健康状况，评估结果显示该工具各个维度具有较高的内部一致性，肯定了该工具用于评估灾后老年人健康状况的可靠性。表 4 - 1 展示了张家坪村 60 岁以上老年人各方面健康状况的得分情况（满分 100 分）以及每个维度的 α 系数值。

表 4 - 1 张家坪村 60 岁以上老年人健康状况各维度平均值与 α 系数值（N = 31）

维度	分值（均值 ± 标准差）	α 系数值
GH	46. 8 ± 21. 3	0. 79
PF	79. 4 ± 21. 1	0. 88
RP	55. 6 ± 45. 05	0. 92
RE	71. 0 ± 42. 0	0. 90
SF	76. 0 ± 26. 3	0. 61
BP	64. 7 ± 27. 9	0. 86
VT	61. 3 ± 21. 7	0. 74
MH	62. 5 ± 24. 2	0. 71
HT	36. 3 ± 27. 3	n/a

如表 4 - 1 所示，在各维度满分分别为 100 分的情况下，张家坪村老年人的总体健康（GH）得分平均值为 46. 8 分，健康变化（HT）得分平均值仅有 36. 3 分，这说明他们的健康状况较差并且跟上年相比更差了。另外，老年人的活力（VT）和精神健康（MH）得分也较低，均值分别为 61. 3 分和 62. 5 分。这说明他们自身精力较差，易疲劳，并存在一定程度的精神健康问题。值得强调的一点是，我们在评估过程中不仅关注老年人存在的缺陷或问题，还特别注意他们的优势和抗逆力，比如表 4 - 1 显示老年人的生理

机能和社会功能状况良好，得分平均值分别为 79.4 分和 76.0 分，这说明老年人的健康状况对他们正常的生理活动以及社会活动的数量和质量造成的影响不是很大。从某种程度上说，张家坪村老年人具有勤劳、坚韧的品德，并拥有积极的个性和认识态度，虽然身体健康状况欠佳但他们仍能坚持生活自理并参与社会活动。

2.3 妇女对日常生活感到不满

妇女也是我们重点关注的群体之一，评估结果表明张家坪村的妇女对日常生活感到不满，主要是觉得平时无事可做，比较无聊。跟中国其他农村地区一样，张家坪村的中青年男性都到附近的工厂或外地打工赚钱，而妇女一般都要留在家里照顾孩子。而当孩子上幼儿园或小学的时候，妇女除了给孩子准备一日三餐还有很多空闲时间。访谈中我们得知，这些妇女大都通过看电视或跟邻居聊天打发空闲时间，她们还抱怨说自己的生活太无聊了但是也不知道怎样改变现状，同时她们也向评估调查员表达了对集体活动的向往，比如跳舞等。除了访谈外，工具 4 的评估问卷也显示有一半以上的妇女认为自己每天有太多无事可做的时间，并认为这是个严重的问题。

2.4 家庭功能较差

工具 9 中的 APGAR 家庭关怀度指数问卷主要用于衡量一个家庭在多大程度上是作为一个整体行动的，评定家庭支持功能。APGAR 问卷的成功研发支持了评估员通过定量的方法衡量家庭成员对自己与其他家庭成员之间关系的满意程度。这一问卷共包括 5 个问题，总分 0 ~ 10 分，分值越高表示家庭关怀度越好，0 ~ 3

分表示家庭功能严重缺失，4～6分表示家庭功能适度缺失，7～10分表示家庭功能良好。在张家坪村以户为单位随机分层抽取28户村民的调查结果显示，57.1%的家庭功能为良好，35%的家庭功能适度缺失，7.1%的家庭功能严重缺失。所以，整体来讲，张家坪村的家庭功能较差或家庭关怀度较低。

2.5 缺乏医疗资源

工具9中的SCREEM－RES用来评估不同的家庭资源拥有程度，调查表中包含社会资源、文化资源、宗教资源、经济资源、教育资源、医疗资源6个因子，评估结果是根据每个因子得分的总和（0～6分）得出的，分数越高表示家庭所拥有的相应资源越丰富。调查结果如表4－2所示。

表4－2 张家坪村家庭资源调查结果（N＝28）

资源因子	社会资源	文化资源	宗教资源	经济资源	教育资源	医疗资源
平均得分	4.64	4.04	0.07	2.32	3.28	1.89

如表4－2所示，张家坪村的家庭所拥有的各类型资源都不丰富，其中宗教资源和医疗资源尤其匮乏。就医疗资源而言，张家坪村的村卫生服务站仅供应一些基本药品且没有具有资质的医疗、医护人员。距离张家坪村最近的基础医疗机构是镇卫生院，步行约20分钟可以到达。但是村民普遍认为卫生院的医疗资源比较有限，所以他们一般都会到距离张家坪村约20公里远的市区医院就医拿药。

另外，我们还通过工具3专门评估了映秀镇初级医疗服务机构，考察该地的心理和社会问题在多大程度上可在初级医疗服务机构内进行处理。通过实地考察，以访谈和问卷调查的方式我们了解到，当地没有专门的心理咨询机构或诊所，没有专业的心理咨询师或相关工作人员，镇卫生院近期也没有开展心理健康和精神卫生方面的工作，且当地医疗机构也没有配备任何治疗精神异常的药物。由此可知，若在该地发现有精神异常的社区居民，则需要将他们转介到其他地区接受药物治疗或心理咨询服务。

2.6 学龄前儿童行为问题突出

在张家坪村 44 名 3～14 岁的儿童中，有 33 人出生于 2008 年汶川地震之后。截至 2013 年，这些儿童的年龄为 0～5 岁，而我们主要选择了其中 3～5 岁的学龄前儿童共 18 人，并运用工具 11（Conners 儿童行为问卷）评估他们 5 个方面的行为问题，这 5 个方面包括：品行问题、学习问题、身心障碍、冲动和多动、焦虑。其中每个因子分别记分，总分越高表示问题越严重，这 5 个因子的具体得分见表 4－3。

表 4－3 张家坪村 3～5 岁学龄前儿童的行为问题分项得分情况（N＝18）

年龄（岁）	性别	I 品行问题		II 学习问题		III 身心障碍		IV 冲动和多动		V 焦虑	
		Mean	SD	Mean	SD	Mean	SD	Mean	SD	Mean	SD
3～5	男	0.72	0.36	0.86	0.53	0.22	0.22	1.08	0.69	0.35	0.17
	女	0.64	0.41	0.88	0.31	0.10	0.11	0.88	0.52	0.50	0.16

* 表格中的“Mean”代表平均值，“SD”代表标准差。

与Conners父母用量表（1978）因子常模（汪向东等，1999：52）做比较后发现，表4－3所示男、女儿童各因子平均得分分别高于常模中3～5岁男、女儿童各因子得分，说明张家坪村3～5岁儿童的品行、学习、心身障碍、冲动和多动、焦虑5方面的问题相对严重。然而，前述常模是1978年根据城市儿童的情况修订的，它的参考价值还有待探讨，但这也是目前唯一可以利用的常模。另外，如表4－3所示，张家坪村3～5岁儿童冲动和多动这一因子的得分最高，说明这一问题尤其严重，而心身障碍和焦虑两个因子的得分较低，说明这些儿童在这两个方面的情况相对较好。

2.7 家长对如何教育子女感到困惑

“5·12”汶川地震后，张家坪也迎来了一个生育高峰，一半以上的儿童都出生于2008年汶川地震之后。在问卷调查和访谈中，家长（主要是母亲）普遍表示出对教育孩子的困惑，也就是说，他们不知道抚养孩子的正确方式，也缺乏对学龄儿童进行课业辅导的能力。并且，地震之后，家长的教育观念也有了相当大的变化，大部分家长对孩子学习成绩的重视逐渐减弱，认为好好地生活才是最重要的。但是，现实中孩子的前途与成绩的高低依然紧密相关，面对这样的冲击，大多数家长也变得迷茫和彷徨。

3. 总结

在张家坪村为期3个月的需求评估中，我们发现了以上7个最突出的社会心理方面的问题及相应的需求。基于这一需求评估报告，驻扎在映秀镇的社工团队制定了相应的干预措施和服务项目，特别是针对村民经常面对的泥石流威胁。截至目前，这些干预措施和服务项目对社区服务对象的社会心理健康、家庭和社区凝聚力以及抗逆力起到了明显的促进作用。

本手册的目的是为一线社会工作者、精神卫生医务人员、社会心理研究人员或其它政府与非政府部分相关工作人员，在灾后社区评估社会心理需求的工作指南和工具箱。为了回应云南鲁甸地震的需要，我们毅然决定仓促推前出版日期。若有不足的地方，希望各方多多包涵、多多指教。我们希望能够不断提升本手册，如果您有任何建议或意见，欢迎您和我们联系。

参考文献

Rogge, M. E. (2003). "The Future is Now: Social Work Disaster Management and Traumatic Stress in the 21st Century," *Journal of Social Service Research*, 30, 1 – 6.

汪向东、王希林、马弘：《心理卫生评定量表手册》（增订版），中国心理卫生杂志社，1999。

鸣　谢

诚意感谢香港怡和集团旗下慈善组织“思健”自2009年以来与香港理工大学“四川‘5·12’灾后重建社会心理项目”的紧密合作，谨此感谢对本书的大力资助。同时，特别感谢四川省汶川县映秀镇政府和村民的支持和参与，大力协助我们研发灾后社会心理评估工具。因为你们的体谅和分享，才可能有此书。

沈文伟

2014年9月

图书在版编目(CIP)数据

灾后社会心理需求评估工具手册/沈文伟，崔珂编著，
—北京:社会科学文献出版社，2014.11
（中国灾害社会心理工作丛书）
ISBN 978 - 7 - 5097 - 6455 - 8

Ⅰ.①灾… Ⅱ.①沈… ②崔… Ⅲ.①灾害 - 心理干预 - 手册 Ⅳ.①B845.67 - 62 ②R749.055 - 62

中国版本图书馆 CIP 数据核字（2014）第 207365 号

·中国灾害社会心理工作丛书·
灾后社会心理需求评估工具手册

编　著／沈文伟　崔　珂

出 版 人／谢寿光
项目统筹／高　雁
责任编辑／高　雁　黄　利

出　版／社会科学文献出版社
地址：北京市北三环中路甲 29 号院华龙大厦　邮编：100029
网址：www.ssap.com.cn
发　行／市场营销中心（010）59367081　59367090
读者服务中心（010）59367028
印　装／三河市尚艺印装有限公司

规　格／开　本：787mm × 1092mm　1/16
印　张：7.5　字　数：86 千字
版　次／2014 年 11 月第 1 版　2014 年 11 月第 1 次印刷
书　号／ISBN 978 - 7 - 5097 - 6455 - 8
定　价／45.00 元